激光诱导击穿光谱技术及其在环境分析中的应用

李茂刚　张天龙　李　华　著

中国石化出版社
·北京·

图书在版编目(CIP)数据

激光诱导击穿光谱技术及其在环境分析中的应用 / 李茂刚, 张天龙, 李华著. -- 北京 : 中国石化出版社, 2024. 10. -- ISBN 978-7-5114-7741-5

Ⅰ. X132

中国国家版本馆 CIP 数据核字第 2024VR0223 号

中国石化出版社出版发行

地址:北京市东城区安定门外大街 58 号
邮编:100011　电话:(010)57512500
发行部电话:(010)57512575
http://www. sinopec-press. com
E-mail:press@ sinopec. com
宝蕾元仁浩(天津)印刷有限公司印刷
全国各地新华书店经销

*

710 毫米×1000 毫米 16 开本 9 印张 202 千字
2024 年 10 月第 1 版　2024 年 10 月第 1 次印刷
定价:68. 00 元

前　　言

在科学技术日新月异的当今时代，环境问题日益凸显，成为全球的焦点问题。如何精准、快速、有效地对环境进行监测和分析，以制定科学合理的环境保护策略，是环境领域的热点。在众多新兴的分析技术中，激光诱导击穿光谱(LIBS)技术以其独特的优势，为环境分析领域带来了新的曙光。LIBS技术作为一种强大的分析手段，具有原位、实时、多元素同时检测等特点。它能够在无须复杂样品预处理的情况下，对各种环境样品如土壤、水体、大气颗粒物等，快速进行定性和定量分析。这项技术不仅大大提高了分析效率，降低了分析成本，而且为深入了解环境中污染物的分布、迁移和转化规律提供了有力的帮助。

本书系统地介绍了激光诱导击穿光谱技术的基本原理、实验装置、数据分析方法以及在环境分析中的广泛应用。作者结合自己在该领域的实践经验，深入浅出地阐述了该技术的关键要点，并结合大量实际案例，展示了LIBS技术在环境监测、污染物溯源、生态风险评估等方面的巨大潜力。通过阅读本书，读者可以全面了解激光诱导击穿光谱技术的发展脉络和前沿动态，掌握其在环境分析中的具体应用方法和技巧。无论是从事环境科学研究的专业人员，还是关注环境保护的广大读者，都能从中获得有益的启发和借鉴。

本书获西安石油大学优秀学术著作出版基金资助出版。书中的研究工作得到了国家自然科学基金项目(22173071)、陕西省环境介质痕量污染物监测预警重点实验室开放基金项目(SHJKFJJ202303)的支持。感谢陕西省环境监测中心站杏艳对本书提出的宝贵修改意见。感谢课题组已毕业的梁晶博士及李楠、王甜、张欣、张莹、杜瑶、周奎、蔡珙等学生的辛苦付出。

作者深知自己在该领域的水平有限，故而本书中出现不妥之处在所难免，恳请读者批评指正。

目　　录

1 绪　　论

1.1 引言

随着现代化进程的快速推进，全球经济飞速发展。然而，随着环境形势日益严峻并逐渐恶化，一些严重的环境污染(如土壤、空气、水污染)频繁发生，不仅破坏生态系统，而且间接危害人类社会，甚至威胁人类健康。如1952年的伦敦大雾造成大概4000多人过早死亡；日本沿海地区因排放含汞工业废水而出现水俣病；长三角地区土壤受到重金属元素的严重污染。如果污染物的排放超过环境的自持水平，环境质量就会发生剧烈变化，从而造成严重的环境污染。环境主体的化学成分可分为有机物和无机物。各种元素以不同的形式和内容存在于环境中。某些元素(尤其是重金属)的异常含量会导致一系列环境问题。重金属污染不仅会降低农作物的品质，还会通过进入食物链威胁人类和动物的健康。因此，要预防或改善环境污染，就必须对环境污染主体中的某些元素进行监测，尤其是重金属元素。环境监测可以及时、准确、全面地反映当前形势，环境质量变化趋势可以为环境危害预警和综合防治提供科学依据。

环境监测通常侧重于检测土壤、水和大气中的化学元素，尤其是重金属。目前，大多数分析技术都基于光学和质谱，如X射线荧光(X-Ray Fluorescence, XRF)、电感耦合等离子体质谱(Inductively Coupled Plasma Mass Spectrometry, ICP-MS)、原子发射光谱(Atomic Emission Spectroscopy, AES)和原子吸收光谱法(Atomic Absorption Spectroscopy, AAS)。这些分析技术的准确度很高。但是，XRF不能测量轻元素，只能用于定性和半定量测量。ICP-MS、AES和AAS需要高成本和复杂的样品制备，例如样品消解需要使用腐蚀性酸和较长的消解时间。此外，很难将这些仪器运送到现场进行现场分析。AAS也很难直接测量一些非金属元素(如P和S)。为了实现环境污染物的检测和监测，迫切需要具有快速、原位和简单的样品制备优势的技术。

激光诱导击穿光谱(Laser-Induced Breakdown Spectroscopy, LIBS)技术是一种基于AES的新型分析技术，利用脉冲激光使物质原子化，产生瞬时等离子体，并辐射出元素的特征谱线，用于定性和定量分析。该技术展示了通过简单的样品制备对多种元素进行快速、实时、原位、远程和同时检测的几个优势。LIBS技术可以测量多种物质，如气体、固体、液体和气溶胶。目前已广泛应用于太空探索、环境监测、医学诊断、科学考古、冶金分析等诸多领域。特别是在环境监测中，包括土壤、水和大气元素的分析，LIBS技术发挥着重要作用。

在过去的十多年中，人们对LIBS技术的环境监测进行了许多研究。2010年，Gaudiuso等回顾LIBS在环境(土壤和水样)、文化遗产和空间应用中的元素分析。2013年，Fortes等在LIBS的一小部分评论中提到了土壤中有毒重金属的定量分析。哈蒙等报道了LIBS在分析天然流体、土壤和其他天然样品中的应用。2014年，Yu等总结了LIBS在水质和环境监测方面的研究进展。2015年，Zorov等概述了LIBS对环境样品(土壤、天然水和矿石)的定性和定量分析。从2013年到2015年，巴特勒等连续三年回顾了原子光谱在环境分析中的最新研究，每次回顾中只有一小部分是针对LIBS研究的。然而，近十年来，关于LIBS技术在环境分析方面的研究进展尚没有一个全面的概述。因此，回顾LIBS技术在环境领域的基础研究和应用进展是必要和重要的。总结近年来LIBS技术在环境监测领域的研究进展，主要集中在基础研究(LIBS介绍、信号增强和LIBS分析中的化学计量学方法)和应用进展(土壤、水和大气监测)方面，有助于读者更好地了解LIBS技术在环境监测方面的研究现状。

XRF是LIBS现场分析的有力竞争者，但XRF是一种半定量原子光谱技术。简单地说，许多XRF测量需要归一化为100%总元素含量的总和。换言之，如果一种元素出现测量误差，其他元素的定量结果也会受到影响。此外，XRF对轻元素的灵敏度较低。相比之下，LIBS可以测量元素周期表上的所有元素。LIBS中的定量测量基于等离子体中元素的特征发射强度与样品中元素含量之间的关系。这样就可以直接独立地获取每个元素的含量，而不是通过归一化显示为百分比。此外，在等离子体中同时发射许多特征谱线。因此，如果一个或几个元素的特征谱线受到干扰，可以选择其他特征谱线进行分析。与XRF相比，LIBS对许多元素的检测限往往略低。

在环境监测中，LIBS技术具有吸引人的特点，如快速、实时、原位分析和简单的样品制备。然而，有几个因素限制了LIBS的分析性能，如激光能量的波动、光谱仪分辨率的差异、外部环境的影响以及样品表面的不均匀性。此外，许多因素导致 LIBS 信号减弱，并且在收集的 LIBS 频谱中干扰很常见。因此，LIBS 的主要挑战是通过增强 LIBS 信号和从复杂光谱数据中提取有用信息以提高分析的准确性。有几种提高 LIBS 分析性能的策略，如信号增强技术、光谱连接技术和化学计量学方法。信号增强和光谱连接技术通过使用不同的 LIBS 配置提高了分析性能。化学计量学方法用于通过消除干扰数据并从收集的光谱中提取有用信息提高分析结果的准确度和精密度。

由于环境样品的多样性及其化学成分的复杂性，LIBS 测量会生成大量复杂的光谱数据。因此，LIBS 技术的一个主要问题是如何从复杂的 LIBS 数据中提取有用的信息，并减少背景信号、噪声和重叠峰值等干扰因素。为了提高元素分析的稳定性和可靠性，化学计量学可以成为支持大量 LIBS 光谱数据的关键工具。化学测量方法与 LIBS 数据相结合的应用在环境监测方面显示出了巨大潜力。

1.2 激光诱导击穿光谱技术

1.2.1 LIBS 技术基本原理

LIBS 是一种将激光作为激发光源的全新的物质元素分析技术，简单地说，也属于原子发射光谱的一种。图 1-1 为激光诱导等离子体形成过程的示意图。激光诱导等离子体的形成过程主要包括加热、熔化、蒸发、电离和激发五个阶段。低能量的脉冲激光经过平面镜反射以及凸透镜聚焦到达待测样本表面。由于吸收光子能量，致使样品表面被加热熔化。与此同时，样品表面会有一部分热电子逐步溢出，进而会有大量的初始化电子产生，这些自由电子会被脉冲激光作用不断加速，进而持续不断地去轰击样品表面原子。受到轰击的原子不断地去轰击其他原子，不断循环产生高温（约为 10000K）的激光诱导等离子体。此时，样品表面受激光激发而产生等离子体的局部区域将处于局部热力学平衡（Local Thermal Equilibrium，LTE）状态，与此同时，局部区域粒子（处于不同能态的粒子）遵循麦克斯韦（Maxwell）分布定律、玻尔兹曼（Boltzmann）分布定律、化学平衡理论（萨哈 Saha 方程）和普朗克（Planck）定律（辐射密度）四个规律。待测样本产生的高温等离子体冷却时快速跃迁回到基态或者较低能量的能级，进而产生一定的特征谱线，该谱线会因等离子体的含量及种类的不同而有所差异，因而根据这些现象对待测样本中化学组成进行分析，可以获得其相应的含量或组成信息。

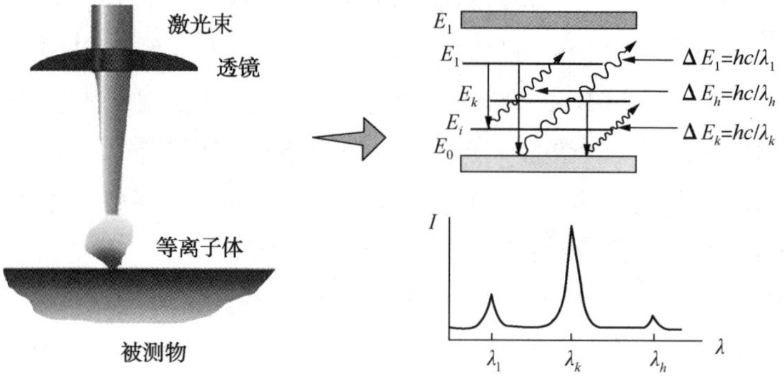

图 1-1　激光诱导等离子体的形成过程

1.2.2　LIBS 技术的分类

(1) 根据采用激光器的类型。

分类可以将 LIBS 技术分为：纳秒 LIBS(nanosecond LIBS，ns-LIBS)、皮秒 LIBS(picosecond LIBS，ps-LIBS)、飞秒 LIBS(femtosecond LIBS，fs-LIBS)。现如今，纳秒和飞秒激光器是两种应用最广泛的激光器。

ns-LIBS 技术得益于其核心组成部件纳秒激光器造价低廉、操作方便、维护快捷等优点，已经发展成一种较为成熟且已被广泛应用的 LIBS 技术，不仅能够应用于实验室研究，还能够制造成便携式仪器并应用于现场快速检测。该技术不但能够应用在生物医学、文物保护与鉴定、资源勘探、环境监测、危险物分析、食品药品监督、太空探索等方面，除此之外，还能扩展应用到其他领域，如同位素分析及司法鉴定等。

飞秒激光的出现使得 LIBS 领域的发展进入了新的阶段。然而，飞秒激光器的脉冲持续时间以及晶格耦合的时间存在较大的差异(ps 量级)，这一缺陷使得晶格无法完成所需激发能量的吸收。在此过程中需要晶格一直持续着较低的温度。此时，由于电子吸收了一定的激光能量致使温度较高，电子将会吸收激光能量且不会存在除此之外的其他热效应。因此，飞秒激光入射后，所吸收的部分激光能量将会迅速地聚集于吸收层。此外，由于激光能量的不稳定性，LIBS 光谱的重复性将会受到很大的挑战。然而，采用 fs-LIBS 可以显著提高 LIBS 光谱分析定量定性结果的准确性及再现性，改善其信号强度及信噪比。因此，近年来，fs-LIBS 被广泛应用于材料分析、冶金化工等行业的样本分析。

相比传统的 LIBS，fs-LIBS 在上述应用中体现出了诸多特点，如待测样本将会获得更高的激光峰值功率、最小的能量损耗以及二者相结合所产生的较低的烧蚀阈值，能量约束的存在致使产生了更有效的烧蚀现象，从而待测样本将会具有更好的导热性能以及较少的实验损耗。得益于此，烧蚀过程中的“基质效应”将会优于传统的 LIBS 技术的。此外，烧蚀坑的形状也将更良好，激光脉冲能量也会更稳定，从而获得性能更佳的空间分辨率。Labutin 等对不同 LIBS 技术的检测限方面的对比进行了研究，该工作中检测限单位为 μg/g，激光能量单位为 mJ。fs-LIBS 在空间分辨率方面具有绝对的优势。得益于此，fs-LIBS 技术已在二维以及三维图像领域被广泛应用。虽然 fs-LIBS 在烧蚀效率这方面优于 ns-LIBS，但是其在检测限方面却不如 ns-LIBS(能量相同的单脉冲能量下)。因长脉冲激光的热效应、烧蚀阈值等因素所导致，传统的 ns-LIBS 系统仅能够提供几十微米的空间分辨率，该现象也会引起“基质效应”。待测物体表面的形貌以及成分会对 ns-LIBS的空间分辨率造成很大的影响。而飞秒激光烧蚀，由于没有热影响区，其得到的烧蚀坑大小能够突破衍射极限。fs-LIBS 技术具有较高的分辨率和灵敏度，这与其光束能量的差异相关。

尽管 fs-LIBS 技术的探测能力低，但是其具有较高的空间分辨率。得益于此，在样品的微损伤分析中该技术已被广泛应用。目前，该技术已被用于生物材料的分析，如细胞、细菌等。此外，该技术也已被应用于青铜器、古代陶瓷、绘画及玻璃等考古物件的分析。上述样本的分析无不体现出该技术在无损或微损方面的优势。该技术也可以作为辅助工具在材料微加工工程中应用，如在层状样品上制备次微米结构的沟槽以及清洁被腐蚀的样品的过程中指导是否应该继续加工。

(2)根据光谱仪的测量范围。

可以将 LIBS 技术分为原子谱线 LIBS 和分子谱线 LIBS。有机物样品在受到 LIBS 作用时，其可能存在的分子谱带范围主要包括 O—H(288nm 附近)、O—H(306nm)、C—N(421.3nm)、C—C(566.5nm)以及 C—H(471.5nm)。

Lucena P 等采用 LIBS 技术对空气中部分有机化合物进行了探究，在爆炸物监测领域，成功证明了 C—N 的特征峰可应用在地雷等隐蔽爆炸物的快速识别和爆炸物的远程遥感识别。在其他应用领域，如洗涤剂在餐具表面的残留检测，有关学者也发现了 C—N 的特征峰。Hanafi 等应用 LIBS 技术研究了氦气、氩气、氮气及空气的特征谱线，得出四种气体的等离子体动力温度及电子射线密度。Eseller 等利用 LIBS 技术同步在线检测氢气中的不同杂质，使用氮气、氩气、氧气混合氢气得到有差异的杂质浓度，并建立杂质定性、定量标准分子谱线。Dikshit 等利用 LIBS 技术监测大气中 CO_2浓度，通过稀释混合气体从而获得了不同浓度的标准气体，最终定制了 CO_2定标曲线。

(3)根据激光脉冲数量。

可以将 LIBS 技术分为单脉冲 LIBS(Single Pulse LIBS，SP-LIBS)和双脉冲 LIBS(Double Pulse LIBS，DP-LIBS)。SP-LIBS 技术的特点是等离子体由单个激光脉冲激发，出现最早、技术最完备。SP-LIBS 只需要一台激光器，整体系统简单、稳定。使用 SP-LIBS 对单一的等离子体进行分析研究，能够满足特定需求领域的研究工作，如现场运行系统监测、文物检测及实验研究，SP-LIBS 的检测过程无须破坏样品，具有检测快捷，操作简单、在线检测等优点。

DP-LIBS 技术的特点是有前后两束激光脉冲，等离子体由两者共同作用并激发，双脉冲激发等离子体的实现方式按照其光路结构大致可以分为共轴和正交两种方式。在共轴方式下，不同顺序的先后两束激光脉冲由经相同的光路聚焦于样品表面，第一束激光脉冲灼烧待测样品表面并产生等离子体，第二束激光脉冲在一定的延时后作用于等离子体上，因其持续吸收能量而导致温度升高；而正交方式下，方向相互正交的两束激光脉冲(其中一束激光脉冲与样品表面平行、另一束激光脉冲与样品表面垂直)，经由两个不同的光路先后聚焦于待测样品表面的相同位置。且正交方式分为两种情况，再加热和预灼烧。与 SP-LIBS 技术不同之处在于，DP-LIBS 的双脉冲激发机理致使等离子体光谱信号强度获得了一定程度的增强，进而有效地提升了 LIBS 技术的灵敏度和稳定性等性能。

1.2.3 LIBS 技术的最新进展

1962 年，Franken 等在实验过程中将剃须刀片夹在了两个铜片之间，然后使用能量为 5J 的红宝石激光器对其进行激发，实验观察到 Fe 元素的特征谱线，这种技术在当时被称为微射光谱学(LIBS 技术的雏形)。紧接着，Runge 等利用巨脉冲红宝石激光器探测不锈钢中的 Cr、Ni，该事件标志了初代 LIBS 技术的诞生。截至目前，LIBS 技术的发展已经有六十余载。近年来，伴随着光谱仪器、激光技术以及人工智能等的飞速发展，LIBS 技术已经由大型化的研究型仪器发展到便携式设备。

1. 飞秒激光成丝诱导击穿光谱技术

飞秒激光成丝诱导击穿光谱(femtosecond LIBS，fs LIBS)是一种将传统的 LIBS 技术与飞秒激光成丝技术相结合从而开发出的新型 LIBS 技术，同时也是 fs-LIBS 技术的进一步延伸。当脉冲激光与空气介质相互作用时达到一种动态的平衡状态(克尔效应),进而产生激光等离子体成丝。由于光丝内部激光强度的钳制效应,激光等离子体丝内的激光功率密度基本保持不变,能够很好地改善因光强浮动造成传统的长脉冲 ns-LIBS 探测精度的变差。此外,该方法也可避免因被测物体表面的均匀性差异而造成的测量误差。

我国长春理工大学研究人员通过实验得出,在钛宝石飞秒激光脉冲前分别增加了焦距为 150mm 和 1000mm 的透镜,进而呈现出土壤 Cr 425.5nm 这条谱线的强度会沿光丝的分布情况而产生一定的变化。研究表明,高强度飞秒脉冲激光在空气中可以生成长至数百米甚至达到数千米的等离子体细丝。然而,由于激光器能量较低致使等离子体在空气介质传输过程中受到散射现象的影响,进而很难实现传统 ns-LIBS 技术的远距离检测;此外,在 LIBS 光谱采集过程中,需要根据样品位置的差异进行实时调整,进而极大限制了该技术的进一步应用。

Chin 课题组研究人员在飞秒成丝 LIBS 技术的相关研究中做出了一定的贡献,取得了一定的研究成果,并进一步将形成于空气中等离子体细丝作用在被测样品。当检测样品的距离为 30m 时,该方法甚至可以检测到体积分数含量仅有 0.8%乙醇的光谱信息;当测样距离设置超过 25m 时,对于蚊香烟尘的检测分析,可以收集到一些有机碎片的光谱信息,其中包括 C—N,C—C 等结构。除此之外,该技术还被用于酵母粉、蛋白质等生物相关材料、金属材料以及气溶胶等的检测分析,进一步证实了该技术在生物、化学等物质分析及远距离探测的可行性。

2. 时间分辨 LIBS

研究表明,连续光谱的寿命是非常短暂的,其存在时间远远低于线状光谱的。因此,为了更好地获取线状光谱,需要光谱采集时间的选择与优化,即当连续光谱开始消失时刻起开始记录线状光谱,被称为时间分辨 LIBS 技术。该技术通过探究等离子体动力学膨胀及特征谱线强度随时间演化的规律,进而有效地提高了 LIBS 光谱的信噪比。Park 等以石墨为靶材料、在不同的气体环境作为检测背景下,研究了环境气体和延迟时间对时间分辨 LIBS 光谱特征的影响。Feng 等在时间分辨 LIBS 实验中以掺杂了 Pb 元素的液体样品为靶材料,通过调试光谱采集时间以保证获得最佳的光谱分析线,在 135ns 时刻收集到了信号强度较高的光谱。

3. 偏振分辨 LIBS

美国伊利诺伊大学(University of Illinois)Liu 团队在 LIBS 实验过程中观测到

了连续光谱具有近全偏振现象，且线状光谱的偏振度非常低；于是基于这种现象，在探测装置前加装了偏振装置，进而对光谱进行滤光和采集，这种技术被称为偏振分辨 LIBS，简称 PRLIBS。该技术巧妙地解决了因被连续光谱(背景信号)掩盖的特征谱线检测难的问题。相比时间分辨 LIBS，该方法具有操作简单、延迟时间设置简便、分辨率高及检测限低等优势。Kiefer 及 Majd 等对激光偏振态对偏振度的影响进行了相关的研究，实验过程中以 O_2、N_2组成的混合气体为研究对象，结果表明，偏振片的放置可以有效地降低该技术应用于气体样品的检测限。

4. LIBS 与 Raman 光谱融合技术

Raman 光谱技术与 LIBS 技术的相同点在于均采用激光作为激发光源，得益于此，二者均可用于远距离探测，且光学收发装置也具有一定的相似性。二者的不同点在于，采用 Raman 技术检测待测物质可以获得样品分子的分子组成信息，而采用 LIBS 检测的待测样本可以获得其相应的元素组成信息。因此，若可以将两者进行结合应用于同一待测物质的检测，就可以起到一定的互补作用。从仪器角度来看，二者的主要区别在于其激光能量以及光谱探测范围的不同。就二者所需的激发光源能量而言，通常 Raman 技术所需脉冲能量为 LIBS 技术所需能量的百分之一或千分之一。因此，若 LIBS-Raman 融合技术的仪器中共用一台激光器，则在进行 Raman 检测时需对激光脉冲进行一定的改进以达到 Raman 光谱技术对激发光源强度的要求。LIBS 光谱信号取决于物质组成元素，而 Raman 光谱信号则取决于发射激光波长，分布在激光波长的附近。因此，这两种技术需要用到不同的光谱仪进行光谱采集。此外，在 Raman 技术的接收设备前端需要增加一个全息滤波器用于将发散的激光进行过滤，以此来防止拉曼信号受到过强的激光信号的干扰。美国洛斯阿拉莫斯(Los Alamos)国家实验室的 Wiens 等设计的远距离探测系统通过优化装置脉冲能量值，可实现矿物质成分近十米的远距离检测，获得样本 Ca I 的 Raman 光谱信号比其 LIBS 谱线强度要高出近 20 倍。

LIBS-Raman 光谱联用技术已被成功应用于太空探测领域。美国 University of Hawaii 研发的 LIBS-Raman 光谱联用探测系统已经成功地实现了太空着陆器(Lander)远程 LIBS 及 Raman 光谱的捕获。欧洲航天局研发了一套包含了 LIBS-Raman 联用的火星计划探测器探测系统。我国自主研发的“天问一号”火星探测器于 2021 年 5 月 15 日成功登陆火星，其搭载的“祝融号”探测器配备了 LIBS-IR 分析装置。

5. LA-LIBS 技术

激光剥蚀 LIBS(LA-LIBS)技术是由传统 DP-LIBS 技术改进而来的一种新方

法，具有高分析灵敏度、高空间分辨率等特点，可以实现样品在时间以及空间上的再加热过程，从而实现激光剥蚀过程的微小分离。该技术将低能量、短波长的激光脉冲用作烧蚀样品的剥蚀光束，从而实现了较高的空间分辨率；此外，还具有较高的发射光谱强度和分析灵敏度。得益于此，LA-LIBS 技术在鉴别知名画作、历史文物、宝石等价值贵重的样品时极其重要，在能够实现较高的分辨灵敏度且最大限度地保护检测样本不受破坏。

6. LIBS 成像技术

LIBS 成像技术将 LIBS 技术用于获取样本表面不同位置的光谱强度数据，并将这些数据与其对应的位置相结合通过伪彩图的形式绘制出来。LIBS 成像技术光路系统具有与传统 LIBS 技术相似的光路系统，二者都是通过聚焦光束来轰击待测样本表面从而得到其 LIBS 光谱数据。相比于传统 LIBS 技术，该技术具有装置系统高速协同运转、空间分辨率(通常小于 50μm)高、数据存取快及元素光谱数据(伪彩图)可视化程度高等技术特点。Hansmann 成功地将 LIBS 成像技术应用于贝壳中元素的分析，实现了 3 种不同贝壳样本中 Mg/Ca 比值的快速分析。Moncayo 课题组通过 LIBS 成像技术实现石蜡包埋的人体皮肤(健康的皮肤、默克尔细胞癌等感染的病态皮肤)判别分析。Sancey 等将基于镉(Cd)和硅(Si)元素的纳米材料注入实验小鼠体内，通过 LIBS 成像技术完成了载体中纳米材料的成像分析，该工作可实时追踪目标元素的动力学分析及代谢过程。Zhao 等研制出了一种元素映射系统并应用于土壤中多元素分布和检测活体植物的现场检测，Ahamer 课题组通过飞秒脉冲激光技术完成了薄膜的 LIBS 扫描成像。

1.3 化学计量学

化学计量学是一门基于数学、计算机科学、化学以及统计学等相结合的交叉学科，也是化学及相关领域的重要分支之一。自 20 世纪 70 年代化学计量学诞生以来，该学科在分析化学及其他相关领域的研究工作中获得了广泛应用。通过从数据集中提取最大价值的信息，获取分析样品的组成和理化性质。已在科研领域显示出强大的生命力。

1.3.1 化学计量学起源与发展

化学计量学一词最早来源于瑞典语"Kemometri"，相当于英语中的"Chemometrics”，即化学计量学。20 世纪 70 年代以来，计算机技术飞跃式的发展以及相应数学及化学理论技术的不断进步，使化学计量学的应用实现了很大的突破，成为化学、生物学、药物学、环境科学和材料科学等研究领域中信息处理的强有力手段。

在化学计量学学科成立前期，即“化学计量学”一词出现之前，定量分析化学和多元方法的发展促进了化学计量学的产生。20 世纪初，定量分析得到广泛的应用。精度、准确度和不确定性这些概念也得到快速发展。1949 年，Mandel 描述了最小二乘回归、实验设计和方差分析等统计学方法在分析化学中的使用。在这之后的多年来，统计学方法一直是现代分析化学的基石。多元方法在 60 年代被用在现代物理化学中确定混合物光谱中的组分数。但是，由于计算能力比较有限，这些方法大多停留在理论阶段。此外，应用统计学中定义了很多有关多元分析的思想和术语，出现了主成分分析、因子分析和判别分析等概念。但应用统计学早期工作主要是在农业统计学中，后来应用范围逐渐扩展到心理学和金融领域。直到 70 年代，多元分析在物理化学和应用统计学中的两条线才开始融合。

20 世纪 70 年代，计算机逐步普及，分析化学中的统计学、多元统计和计算这三个主题开始融合。化学计量学成为化学和分析化学的一个重要分支领域。1972 年，瑞典的 S Wold 发表了第一篇使用“Chemometrics”即化学计量学的论文。1974 年，国际化学计量学学会由美国科学家 B R Kowalski 和 S Wold 在华盛顿大学所成立，并进一步促进了相关学术活动的举办，这些工作不断地促使了化学计量学方法的应用及迅猛发展。在这期间，分析化学的仪器化使得分析过程中产生大量可靠的测量数据，而怎样从这些数据中提取对于样品分析有效的特征信息就是化学计量学的主要任务所在。

20 世纪 80 年代，化学计量学不断发展，其理论体系日趋成熟。化学计量学领域密切相关的科技期刊也相继被创刊，一些化学计量学专著和系列丛书同时也相继出现。从 1982 年起，美国化学会杂志分析化学“Analytical Chemistry”在其栏目中增加了化学计量学专题。1986—1987 年，在 Wiley 和 Elsevier 上，分别开设了新的化学计量学期刊“Journal of Chemometrics”和“Chemometrics and Intelligent Laboratory Systems”。1988 年，Massart 及其同事撰写了最早的化学计量学综述文献等。进入 21 世纪，计算机得到快速发展，使过去需要在台式机上花费数小时或需要应用大型机进行计算的算法成为实验室的常规工具。同时，快速、自动化和高分辨率的分析仪器也得到迅速发展，导致产生大量数据集(高维数据)。这种数据爆炸意味着化学计量学不再主要集中在提高分析仪器的定量性能上。模式识别成为一种广泛使用的工具。如今，化学计量学已发展为应用分析化学家广泛使用的工具(表 1-1)。

表 1-1 环境分析中 LIBS 相关的化学计量学方法

任务	目的	化学计量学算法
预处理	降噪	小波变换(WT)
	光谱归一化	强度归一化
变量选择	单一变量选择	变量重要性投影(VIP)
		区间偏最小二乘(iPLS)
		改进迭代预测加权偏最小二乘法(mIPW-PLS)
定性分析(模式识别)	无监督模式识别	主成分分析(PCA)
		偏最小二乘判别分析(PLS-DA)
		软独立模式分类法(SIMCA)
	监督模式识别	最小二乘支持向量机(LS-SVM)
		人工神经网络(ANN)
定量分析	单变量校准	标准校准曲线
		内标法
		支持向量机(SVM)
		人工神经网络(ANN)
	多变量校准	最小绝对值压缩选择模型(Lasso)
		偏最小二乘(PLS)
		多元线性回归(MLR)
		多元非线性回归(MNR)

1.3.2 基于化学计量学的预测模型性能提升策略

LIBS 技术因其具有前处理简单、采样速度快、操作方便等特点被应用于中药产地溯源及质量监督等研究中。但如前文所述，单一的 LIBS 分析只能得到目标样品中相关无机元素的定量结果，无法全面表征被测样品化学信息，难以反映中药的复杂化学成分，对产地溯源及质量评价有局限性。所以，结合 IR 等相关分子光谱信息，增加样品被检测的化学信息，可弥补单一仪器分析方法上的不足，可使表征被测样品化学信息更为全面。但海量的信息数据汇总，不同分析仪器的数据信息融合，则须结合化学计量学的方法来更为行之有效地进行中药质量评价和道地性研究。

1.3.2.1 变量选择

通过光谱仪器采集而来的光谱数据中包含了大量的信息，其中不仅有样品分析的有效信息还包括大量的噪声信息以及冗余信息，如果这部分析信息被用于分析模型的构建，那么会对分析结果产生很大的影响。因此，在使用光谱数据进行建模分析之前，对原始光谱进行光谱预处理、特征变量提取等操作是非常有必要的。特征提取有利于分析模型性能的提升，进而获取更加准确的分析结果。其中训练模型的重要环节是特征变量选择及筛选，其用途是改善模型输入变量，降低无效信息对模型的干扰，从而提升模型的分析性能。其中特征提取与特征选择是特征降维的两种主要方法。

特征选择算法的种类有很多。较具有代表性的包括遗传算法(Genetic Algorithm，GA)、基于PLS的窗口变量选择算法(Interval PLS，IPLS)、自适应权重加权(Competitive Adaptive Reweighted Sampling，CARS)、连续投影算法(Successive Projections Algorithm，SPA)、变量重要性投影(Variable Importance in Projection，VIP)、无信息变量消除(Uninformative Variable Elimination，UVE)等。特征选择算法在应用过程中与大部分化学计量学模型一样，需要对算法的参数根据输入变量的变化而进行优化，如在IPLS算法使用时，应对其窗口的大小根据变量的变化而进行恰当的调节，在使用VIP算法应该选择合适的潜变量因子(Latent Variables，LVs)以及合适的变量重要性阈值以获得更准确的特征变量。

特征选择的主要工作是提取光谱数据中的有效信息，这不仅可以提高模型的准确性，而且可以最大限度地降低大数据的计算时间，该方法通常与一些建模方法相结合使用。特征选择方法最初主要应用于红外光谱的特征变量筛选，以及信息学中特征信息的收集。毛勇等将特征提取方法结合SVM算法用于细胞数据的处理，获得了不错的分析结果。

LIBS光谱信息复杂、数据点数众多，因此对其进行特征变量选择可以最大限度地降低其中的干扰信息，从而提升分析结果的准确性。特征提取是利用一定的技术将原始的数据信息转化成为相应的投影数据，然后对该投影数据根据需要进行提取的一种变量优化技术。特征提取和特征选择的差异之处主要在于，特征选择无须经过变量投影这一步骤而直接对原始变量中的特征信息进行选择，而特征提取则需要获取变量的映射关系，从根本上说，这对原始数据起到转化的功能。

主成分分析法(Principal Component Analysis, PCA)通过计算样本数据的协方差矩阵从而获得其相应的特征向量和特征值，然后根据获得的特征值去优化选取一定数量特征变量的特征，进而实现高维数据线性空间的映射。在高维数据的特征变量选择过程中，根据特征选择算法是否需要外加的性能评价体系而将其可以分为过滤法(Filter 法)和包裹法(Wrapper 法)两大类。Filter 法使用一些简单的评价指标对特征子集进行搜索，无须借助校正模型的预测性能。该类方法对其特征子集进行评价时，一方面根据特征数据的离散性，通常有方差特征移除法(该方法根据该特征变量在不同样本中的方差统计值对其进行筛选)；另一方面是通过特征子集与目标数据之间的相关性对其评价，从而实现对其筛选的目的，通常有皮尔逊卡方检验法、F 检验法和基于模型的特征排序法。Wrapper 法把建模用的学习器(模型)预测结果用于特征子集的筛选指标，然后按照设定好的特征变量阈值筛选出目标数据的特征子集，常用的 Wrapper 法有递归特征消除(Recursive Feature Elimination, RFE)。RFE 法采用一个基础的训练模型的预测性能实现对模型性能的循环训练，通过每次循环训练实现对特征变量的不断精确化提取。在每一轮重新构建模型时采用的是上一回合选择出的特征变量为模型的输入变量，也就是说，每回合建模数据都在不断地趋近于特征子集。

1.3.2.2 光谱数据融合

单一的分析技术只能获得待测样本的片面信息，如使用红外光谱对待测样本进行检测，则只能获取其分子水平的信息，无法获取其原子水平的信息。如果再辅以原子吸收光谱技术对同一样本进行检测，则可以获取更全面的信息。上述例子反映出数据融合的思想，即通过对待测样本进行两种或两种以上的分析仪器的检测，从而获取待测样本更全面的分析数据，以求更为全面地对待测样本进行表征。如前文所述，光谱数据融合分三个层次，即：初级数据融合(数据层融合)、中级数据融合(特征层融合)及高级数据融合(决策层融合)。这三种数据融合方式对应三种用于数据预测分析的方法。三种数据融合方法依据其基本思想的差异而具有不同的特点。

数据层融合是指按照一定的策略直接将多组分析仪器提供的原始信号数据进行组合的一种分析方法，属于最低层次的融合方法。数据层融合的主要优点是具有最多的真实数据，有利于数据的进一步分析和处理，但是由于大量数据的引入致使分析模型构建的工作将变得复杂，分析时间将被增大，这将影响数据分析的及时性。特征层融合借助于一定的特征变量选择方法将来自于多个传感器的原始数据进行特征信息提取，并按照一定的融合策略对获得的多个传感器的特征变量进行融合，采用特征信息进行融合的好处是可以最大限度地降低无信息变量对模型性能的影响，从而最大限度地降低运算时间。得益于此，该技术在实际应用中受到更广泛的关注。决策层融合是最高层次的融合预测，每个传感器先分别建立同一目标的初步预测，并将结果按照某种方式进行组合，最后进行决策层预测。决策层融合相较于前两种方法具有更好的容错性和及时性，但由于其操作的复杂性，在实际应用中并未被广泛应用。

光谱仪器直接采集到的光谱信号不仅包含有效的信号可以用于待测样本的分析，与此同时也包含大量的噪声信息以及冗余信息。通常情况下，获得的光谱信号将含成百上千的波长，这样的信号是不能直接用于样本理化性质的分析的。因此，在进行样本性质分析时的首要工作是对原始光谱信号进行特征变量提取。基于以上问题，提出了一种融合导数谱偏最小二乘法，该方法将不同导数光谱空间的 PLS 模型进行了组合，从而建立一种多层次融合的模型。该方法最大限度地改善了模型的预测性能。此外，近年来提出并发展了关于 PLS 模型性能提升的方法，如区间 PLS(interval PLS，iPLS)、后向区间 PLS(Backward interval PLS，BiPLS)、组合区间 PLS(Synergy interval PLS，SiPLS)、移动窗口 PLS(Moving window PLS，MWPLS)等。

1.3.2.3 机器学习与深度学习

近年来，机器学习已被各个研究领域所重视，其中包括物理、化学、生物等。在中药研究中心，关于机器学习的相关研究也被报道。刘艾林将机器学习算法应用于抗老年痴呆传统中药有效成分的网络作用机制的相关研究，获得了较好的分析结果。徐东等将机器学习算法结合电子鼻系统实现了中药快速鉴别分析。华小黎等将机器学习中的谱效关系模型方法应用于中药质量的评价，为中药质量控制与评价提供了一种新的方法。在传统的浅层机器学习技术中，支持向量机和人工神经网络的应用最广泛，效果最理想。近年来，随着多任务机器学习算法的问世，随机森林和粒子群优化方法普遍取得了更好的精度。

深度学习(Deep Learning，DL)是近年来兴起的一种新的机器学习算法，已经成功应用于药物研发的一些领域。也是一种基于人工神经网络(Artificial Neural Network，ANN)的机器学习算法，实际上可以算作机器学习的一部分。该技术能够使计算机系统根据数据及相关的经验获得一种更加智能化的数据分析体系，能力十分强大，并且非常灵活，使用最简单的概念之间的联系定义复杂的概念，也就是通过组合低级别的特征来生成高层次的更加抽象的特征。通过贪婪逐层方法，深度学习架构可以更清晰地对抽象对象进行处理，如卷积神经网络(Convolutional Neural Network，CNN)等。深度学习的缺点之一是需要非常大的数据集，Alex Krizhevsky 等利用深度学习算法训练了一个神经网络以分类 120 万张图像，每张图像分为五个区域，这样的数据量是非常庞大的，对于绝大多数科学应用研究来说，类似大数据集的获得将会是一项艰巨的任务，该任务将会耗费大量的人力物力。对于较小的数据集，机器学习算法通常优于深度学习。所以，本书的研究成果采用的是多任务的机器学习算法，包括增强型核极限学习机(Enhanced Kernel Extreme Learning Machine，EKELM)、粒子群优化(Particle Swarm Optimization，PSO)及随机森林(Random Forest，RF)。

1.4 LIBS 在环境分析中的应用

1.4.1 土壤分析

LIBS 用于土壤分析的独特优势包括样品制备简单、分析速度快，以及可同时检测多种元素。然而，土壤样品具有复杂的基质和严重的谱线干扰，这可能会影响准确性和检测限(Limits of Detection，LOD)。基质效应指的是样品基质的物理性质或化学成分的变化对光谱信号的影响，这导致了分析的准确性差。据报道，土壤含水量和粗糙度会导致基质效应。Popov 等证明，由于不同类型的土壤在颗粒内聚力、胶结度和元素的形式上存在差异，含水量对发射线强度有混合影响。Rapin 等发现，火星土壤表面的粗糙度效应增加了 H 信号的点对点散射，影响了 H Ⅰ线强度，平均含水量可能被高估 1%~2%(质量分数)。为了减少基质效应、提高分析结果，在土壤的定性或定量分析中采用了不同的实验方法和化学计量学方法。表 1-2 列出了文献中不同来源土壤的 LIBS 分析得到的元素的检测限。此外，根据实际需要和 LIBS 不需要复杂的样品制备的优势，研究人员还开发了更有效的现场测试系统和方法。本节从样品预处理、定量分析、判别分析和特殊应用场景四个方面介绍了 LIBS 在土壤环境中的应用。

1.4.1.1 样品预处理

土壤飞溅、土壤湿度和颗粒大小是造成基质效应的因素。因此，土壤的检测也需要一个简单的样品处理过程。在实验室里，检测过程一般包括去除杂质、干燥、研磨、筛分、压制成片，并进行 LIBS 测量。Kim 等讨论了含水量和颗粒度对光谱信号强度的影响。含水量对 LIBS 光谱信号的强度有很大影响；因此，干燥是样品制备过程中的一个关键步骤。此外，研磨、筛分和造粒也有利于减少基质效应和提高光谱质量。

为了减少土壤飞溅、消除复杂的制台过程，研究人员提出使用金属网状样品架、吸附板等支撑物来放置样品，或者利用相变富集土壤样品中的元素。Suyanto 等将 Cu 微网作为土壤支架，大大增强了 Pb 的发射强度，且 LOD 小于 10mg/kg。Chen 等通过 Ar 气体将土壤样品转移到吸附板上，吸附板被放置在一个旋转台上。具有良好黏性的吸附板可以容纳很多土壤样品，旋转台可以保证每个激光脉冲都能击中不同的样品表面。为了减少土壤飞溅，Fu 等将土壤样品处理成泥浆状态，并使用阳离子交换树脂来富集土壤中的重金属 Cd。在树脂富集和空间限制技术的帮助下，检测信号得到明显改善，Cd 的 LOD 为 0. 13mg/kg。Yi 等开发了一种固-液-固转化预处理方法。应用超声振动和离心法提取土壤中的重金属，然后将它们沉积在玻璃片上。由于微量元素的富集和基质干扰的抑制，土壤中 Cd 和 Pb 的 LOD 分别明显下降到 0. 067mg/kg 和 0. 94mg/kg。总之，经过简单的预处理，土壤样品的结果得到了很大的改善。

表 1-2　文献报道的 LIBS 技术在土壤分析中的检测限

元素	土壤来源	LOD/(mg/kg)
Ag	Armorican 地块的土壤	23
	采矿沟、NIST、BAM 和俄罗斯土壤	0. 3
As	NIST 污染土壤 SRM	30
Ba	NIST 污染土壤 SRM	50
	经认证的参考物质(CRMs①)	4. 3
	污泥下的热带土壤	8
Ca	CRMs①	310
Cd	农田土壤	0. 13
	GSF-5 土壤	0. 067
Co	污泥下的热带土壤	9. 3
Cr	CRMs①	3. 6
	壤土	17

续表

元素	土壤来源	LOD/(mg/kg)
Cs	核电站附近区域	0.3
	Armorican 地块的土壤	30
	CRMs①	11
	采矿沟、NIST、BAM 和俄罗斯土壤	0.6
	壤土	61
Cu	污泥下的热带土壤	9.9
Hg	NIST 污染土壤 SRM	25
	Soil sample from Oak Ridge，TN，US	20
Mg	CRMs①	530
Mn	NIST 污染土壤 SRM	140
	污泥下的热带土壤	110
Mo	采矿沟、NIST、BAM 和俄罗斯土壤	0.3
Ni	污泥下的热带土壤	7.9
Pb	NIST 污染土壤 SRM	90
	验证的土壤标样(GWE070008 和 GW07407)	0.6
	标准样品(KKS Japan)	10
	GSF-5 土壤	0.94
	采矿沟、NIST、BAM 和俄罗斯土壤	8
	壤土	20
	西北铅锌冶炼厂附近	8.1
	巴基斯坦油田钻探区的土壤	130mg/L
Ti	中国国家标准中心(GBWseries)	120
U	NIST SRM 2710a：蒙大拿州 I 土壤	500
V	NIST 污染土壤 SRM	1
	壤土	29
	污泥下的热带土壤	47
Zn	壤土	55
	污泥下的热带土壤	31

① 系指钙质土、花岗岩黄红土、山地黄红土、红土、斑岩铜矿区沉积土、内蒙古盐碱土、矽卡岩矿化带沉积土、湘江沉积土、闪长岩土和内蒙古金属矿区沉积土。

1.4.1.2 定量分析

土壤中的主要元素和微量元素在作物生长中起关键作用。不正常的元素含量不仅影响作物的生长，而且还间接影响到人类和生物的健康。如果稻田中的 Cd 含量超过安全标准，则会导致食用 Cd 污染大米的人患上慢性镉中毒(伊泰-伊泰病)。因此，土壤中每个元素的含量应保持在一定范围内。为了确定这一含量，有必要对每种元素进行快速的定量或半定量分析。由于基质效应和土壤中主要成分的光谱干扰，LIBS 的准确性和精确性不足以测定土壤中的微量元素。化学测量方法在提高定量分析的准确性方面具有优势。单变量校正是一种常见的定量校正方法。然而，单一模型无法实现高精度定量分析。因此，有必要考虑多个变量来分析 LIBS 光谱信息，并从大量复杂的分析数据中提取有用的信息。在这一节中，对土壤中常量元素、营养元素和重金属元素的不变和多变量定量分析进行了回顾。

1. 常量元素

土壤中的常量元素，如 C、H、O、N、P、S、K、Ca、Mg 和 Al，在生物组织组成和维持体内环境平衡方面发挥着重要作用，是构成生物体的基本元素。异常元素含量导致土壤酸碱基失衡等问题。Kim 等在北极土壤样本中发现了 K、Ca、Na、Mg、Al 和 Cu 等元素，并发现了 LIBS 和 ICP-OES 之间的线性关系，每个元素的 R^2 变化(0.85~0.99)。Yan 等应用便携式 LIBS 系统测量田间土壤样本中的 N 浓度，测量的相对 N 浓度与显微分析获得的 N 总含量呈类似趋势。

土壤 C 池的变化对全球温室效应和全球碳循环有重大影响。Senesi 等对 LIBS 在土壤中的 C 进行定量测量。土壤中的 C 大部分以有机碳(OC)的形式存在，一小部分以无机碳(IC)的形式存在。准确的土壤 OC 测量是量化土壤 C 池和监测土壤 OC 含量变化的一个关键因素。Knadel 等建立了 PLS 回归模型，用于确定丹麦土壤特性(土壤颗粒大小部分和 OC)。与可见的近红外光谱相比，LIBS 表现同样出色，或对土壤特性进行了更准确的测定。Bricklemyer 等使用全频谱和紫外带数据作为输入变量来构建 PLS 模型，用全频谱构建的校准模型更准确地预测了总 C 和 IC 的内容。LIBS 和 PLS 模型的组合可以准确预测土壤中的 C 含量。徐等通过 LIBS 和中红外光谱的中级数据融合，建立了更坚固可靠的 PLS 模型，有利于土壤有机物(SOM)含量的定量预测。形态加权惩罚最小平方(MPLS)和 WT 用于聚变光谱的基线校正。SOM 含量的预测能力提高到 $R^2=0.792$，RMSE=1.8g/kg。

2. 营养元素

土壤中含有许多植物生长发育的基本营养元素，如 N、P、K、C、Ca、Mg、S、Fe、Cu、B、Zn、Mo、Se 和 Mn。此外，Na、Si、Co 和 Ti 也属于土壤营养元素，有利于一些植物的生长。营养元素的含量因土壤类型和区域而异。异常含量不利于植物生长，因此对土壤中营养元素进行定量分析对提高精准施肥极为重要。

由于自吸收效应，光谱线的强度和元素浓度之间的线性关系可能受到影响。因此，从光谱线的强度角度定量分析元素的含量变得很困难。Yi 等将空间分辨 LIBS 用于定量测量土壤中的 Na 和 K。当光收集位置在等离子体的下部时，自吸收效应可以大大减少。由于基质效应的存在，单变量回归法得到的不同元素的线性关系有很大差异。Guo 等采用校准曲线法对土壤样品中的元素进行定量分析。Ca、K、Mg、Na 和 Sr 的 R^2 均大于 0.90，而 Al、Ba、Cr、Cu、Mn、Ti 和 P 的线性关系较差。为了提高定量分析的准确性，采用了多元回归模型。Jiang 等构建了一个三元非线性回归模型分析土壤中的 Mg。预测值与 ICP-MS 提供的实际含量有很好的一致性($R^2=0.987$)。校准的均方根误差(RMSEC)和预测的均方根误差(RMSEP)分别为 0.017%和 0.014%。Guezenoc 等根据变量选择方法(VIP 和系数图)筛选出的变量构建了 PLS 模型，模型对 K 的预测能力有明显提高。表明多变量校准模型得到的预测精度优于单变量模型的。

3. 重金属元素

重金属是土壤中的主要无机污染物。重金属容易积累并转化为毒性更强的甲基化合物。大多数重金属可以通过食物链积累在人体中，超过一定浓度会严重危害人体健康。因此，准确检测和有效控制土壤中的重金属含量是提高粮食安全的主要途径。土壤中的主要重金属污染物是 Pb、Cr、Hg、Cd、As、Cu、Ni、Fe、Mn 和 Zn。虽然 As 不是重金属，但其行为、来源和有害影响与重金属相似。因此，对 As 与其他重金属一起进行了总结。

元素特征光谱线的选择是 LIBS 的难点。由于饱和的原因，非常强的发射线不能反映出浓度的变化。当显离子线变弱时，灵敏度会降低，目标元素选定的光谱线应避免与其他元素的线重叠。由于自吸收的影响，Cu Ⅰ 324.75nm 和 Cu Ⅰ 327.40nm 不适合用于检测矿区[1.5%(质量分数)]土壤中的铜。Labutin 等使用 Cu Ⅰ 521.82nm，该线相当强烈，没有自吸收的影响，用于定量测定铜。Cu 质量浓度的 LOD 为 280mg/kg；因此，适当的元素特征光谱线将有利于定量分析。

内部标准是纠正矩阵效应的最常见方法，可以在一定程度上提高单变量定量分析的准确性。Labutin 等列出了选择内部标准元素谱线的三项原则。为了减少不同来源土壤样本中 Pb 检测中的基质效应，他们建议使用 Pb Ⅰ 405.781nm/Fe Ⅰ 413.206nm或 Pb Ⅰ 405.781nm/Fe Ⅰ 414.387nm 的组合。Popov 等在测量土壤中的 Mo 时观察到强烈的基质干扰，因此他们选择与 Mo 线相关度最高的 Fe 线作为内部校准谱线。干扰减少，Mo 的 LOD 为 0.3mg/kg。然而，内标仍然不能实现高准确度的分析，而且对于像土壤这样的复杂样品，很难选择内标。

Dell'Aglio 等使用基于光谱线强度与其背景的归一化的校准曲线方法定量分析土壤中的 Cr、Cu、Pb、V 和 Zn，该方法与 ICP-OES 的结果有很好的一致性。然而，Zn 的 LOD(55mg/kg)高于 Popov 等报告的，他们使用 SP-LIBS(355nm)与校准曲线法(18mg/kg)相结合。Yi 等使用 WT 去除光谱背景，并应用标准添加法(SAM)定量预测土壤中的 Pb 含量。RMSEP 从 300mg/kg 明显降低到 26mg/kg。土壤的 LIBS 信号受基质效应的影响很大，所以在定量分析前对样品进行分类是非常必要的。Wu 等利用 PCA 对土壤样品的光谱数据进行聚类分析，区分矩阵的成分差异，并利用 SAM 对土壤中的 Pb 含量进行定量分析。Rehan 等使用标准校准曲线法和综合强度比法来估计钻井燃料土壤中的铅含量。测试结果与 ICP-OES 测量的结果一致。Pb 的 LOD 为 130mg/L。Kim 等建立了一个标准样品数据库，并使用克里金插值模型，根据 LIBS 测试结果对土壤中的锌进行定量分析。这是一种可行的方法，无须校准即可定量分析土壤中的重金属含量。

由于基质效应和光谱干扰，多变量分析更适用于土壤中重金属的测定。Ferreira 等使用多层感知器(MLP)建立了土壤中重金属元素的校准模型。MLP 模型得到的 LODs 低于线性回归模型的，尤其是 Ba、Cu、Mn 和 V 的 LODs 降低为原来的⅕~¼倍。LIBS-MLP 和 ICP-OES 之间测量值的相关性高于 98%。MLP 是一种基于监督学习的 ANN。Haddad 等将移动 LIBS 系统与 ANN 相结合，对土壤中的重金属进行现场定量分析。Al、Ca、Cu、Fe 和 Pb 的预测相对误差都小于 20%。这表明 ANN 可以有效地修正光谱非线性和等离子体自吸收引起的基质效应，预测结果更准确。Wang 等采用 MLR、PLS、SVM、Lasso 和主成分回归(PCR)建立多元模型，对农业土壤中的重金属元素进行快速定量分析。Lasso 和 PCR 模型具有良好的预测性能；Cu、Ni、Cr 和 Pb 的标准化 RMSE 分别为 6.84%、8.87%、9.71%和 10.76%。Zaytsev 等构建了具有 3 个主成分的 PCR 校准模型来消除光谱干扰。RMSEC 描述了分析的准确性，在使用第 3 次激光谐波(355nm)的情况下，

RMSEC 从 14mg/kg 下降到 8mg/kg，这说明在 15~280mg/kg 范围内，铅检测的准确性得到了提高。尽管多变量模型更适合于土壤测量，但其预测性能也存在差异。

对于具有复杂基质和严重光谱线干扰的土壤样品，PLS 方法可以充分利用光谱线信息，与传统的线性校准方法相比具有优势。Mukhono 等发现，在土壤样品 As、Cr、Cu、Pb 和 Ti 的定量分析中，PLS 给出的 RMSEC 值比单变量方法的低。然而，传统的 PLS 方法往往使用全谱作为输入变量建立模型，涉及的计算量较大，预测结果较差。变量选择可以有效地选择那些具有最大相关性的变量。因此，Fu 等提出了基于 iPLS 和 mIPW-PLS 组合的快速变量筛选方法，以获得更好的建模结果。与传统的 PLS 相比，在变量选择后表现出令人满意的结果。土壤样品中 Ba、Cu 和 Cr 的 LOD 分别为 4.3mg/kg、11mg/kg 和 3.6mg/kg。因此，PLS 模型在提高 LIBS 的定量能力方面的能力得到了证明。

4. 其他元素

除了上述经常测量的元素外，Popov 等使用 SP-LIBS(355nm) 直接测定土壤中的有害元素 Be，LOD 为 0.07mg/kg。对于土壤中的稀土元素(La 和 Y)的测定，Labutin 等应用热力学模型来减少基质元素的光谱干扰。La(6mg/kg) 和 Y(6mg/kg) 的理论 LOD 接近于实验 LOD(6.5 和 0.4mg/kg)。Chan 等发现，虽然 U Ⅰ 682.691nm 不是同位素分析中发射线的最佳选择，但对元素分析很敏感。在土壤基质中，U Ⅰ 682.691nm 的 LOD 为 500mg/kg，而 U Ⅱ 424.437nm 的 LOD 为 2000mg/kg。

1.4.1.3 判别分析

LIBS 与化学计量学方法相结合，可以实现对土壤类型的判别分析，为正确评价土壤质量、土壤修复、规划和合理利用提供科学依据。一个明显的应用是，判别分析可以快速区分清洁土壤和被重金属污染的土壤。

常见的无监督模式识别方法是 PCA。通过降维，数据中包含的大部分信息被解释为几个主成分。虽然 PCA 的准确性和稳健性不好，但由于其计算时间和成本较低，可以在现场采用并产生实时数据。对土壤重金属污染的判断是分类的一个例子。在分类中，没有必要精确测量元素含量。因此，PCA 可以用来对不同的土壤样本进行分类。采样位置越近，PCA 图上出现的分组越近，分类精度越低。Kim 等成功地利用 PCA 快速区分被重金属或石油污染的土壤和清洁土壤。然而，由于 LIBS 光谱包含许多光谱数据，与土壤样品分类相关的发射线并不容易识别。

因此，Chatterjee 等通过光谱截断改进了 PCA，以便对地热地区和远离地热地区的土壤样品进行快速分类。通过使用“留一”验证的方式，PCA 方法的正确分类率为 99.4%。这说明 PCA 可以实现对土壤的快速、准确分类。

监督模式识别的基本思想是以已知类别的样本为训练集构建判别模型，该模型可以预测未知样本的分类。Mukhono 等成功建立了 SIMCA 模型以区分三种地热土壤。Yu 等构建了 SIMCA 和 LS-SVM 判别模型对不同类型的土壤进行分类。结果通过接收者操作特征曲线进行评估，正确的区分率分别为 90% 和 100%。ANN 也可以应用于分类目的。如 Haddad 等使用 ANN 对土壤样本进行了初步分类。其灵敏度和特异性分别为 87%和 100%。这意味着 ANN 不仅具有良好的定量预测能力，而且具有较高的分类正确率。

土壤的异质性和基质效应会影响 LIBS 检测次要或微量元素的检测限和灵敏度。对于土壤，化学计量学的优势在于对复杂光谱信息的特征提取，从而减少无关光谱数据对元素定量分析的干扰。通过改善 LIBS 信号和元素浓度之间的相关性，应用数据处理方法以减少由样品异质性和基质干扰造成的影响。例如，可以帮助利用 C 和 N 总的定量测定评价 SOM 和肥力。此外，化学计量学方法还可用于土壤分类，如对清洁土壤和受重金属污染的土壤进行判别分析。化学计量学方法在 LIBS 仪器中不需要额外的硬件，成本很低，而且可以与便携式仪器一起使用，用于现场分析。因此，化学计量学和 LIBS 的结合在土壤监测中具有广阔的应用前景。

1.4.1.4 特殊应用场景

原位/在线监测是 LIBS 技术在环境应用中的优势。LIBS 监测系统一般分为便携式系统和远程系统。便携式系统在检测现场条件下不容易移动的样品时更加灵活。远程系统用于获取样品有困难或危险的情况，如工业生产、散装水分析、地质调查和核电站的化学分析。远程系统通过使用光纤将激光能量传输到很远的距离来实现检测。Ramli 等应用低压 LIBS 检测了福岛核电站周围土壤中的 Cs 污染物。“好奇号”火星车用 LIBS 仪器探测了火星上土壤中某些微量元素的丰度。

目前，有许多针对土壤的 LIBS 原位/在线监测系统。Fortes 等回顾了原位 LIBS 系统在土壤中检测元素方面的一些研究进展。Haddad 等将一个可运输的 LIBS 系统用于土壤中重金属的现场定量分析。Meng 等测试了手持式 LIBS 对土壤中重金属的分析。LIBS 与 ICP-MS 的测量结果具有良好的一致性。由于土壤水分的影响和操作人员的重复性差，LIBS 光谱不能达到良好的稳定性和强度，但该方法提供了快速和现场筛选污染土壤的功能。用于大气颗粒物和水质监测的在线系统也在深入研究中。

1.4.2 水体分析

目前，水污染问题非常突出，特别是重金属污染。水中的重金属一般包括 Cr、As、Hg、Cd、Pb 和 Zn。重金属的浓度是衡量水质的一个重要指标。因此，为了评估水质，为水环境保护提供科学依据，有必要监测各种元素的浓度水平和时间变化趋势。然而，这一过程通常需要收集水样，并将样品运送到实验室进行检测。LIBS 技术可以实现对水样的快速、实时、原位检测，样品制备简单，且无须添加其他化学试剂进行分析。

与土壤样品相比，水样中的元素定量测定存在许多挑战，如液体飞溅、等离子体的寿命较短、光谱信号较弱等。因此，LIBS 信号在水中的灵敏度、稳定性和重复性都远远低于固体样品，这大大增加了分析的难度。在许多情况下，检测结果(如 LOD 和准确度)需要改进，以满足环境监测的要求。目前，许多这样的分析需要用敏感的、基于实验室的仪器进行。因此，迫切需要提高 LIBS 的稳定性和灵敏度，并将其应用于实时的水质监测。本节总结了通过 LIBS 进行水样分析的样品准备和数据处理两个方面。

1.4.2.1 样品准备

由于水样中的重金属污染物和其他微量元素的浓度普遍较低，因此很难检测。由天然水域的成分和盐度变化引起的基质效应对微量元素的信号有很大影响。Popov 等加入 NaCl 作为电离缓冲剂，以减少各种天然水域中 Sr 测定的基质效应；Sr 的 LOD 从 0.025mg/L(淡水)到 0.2mg/L(咸水)不等。水样中的 LIBS 信号很弱且不稳定，这影响了定量测量的结果。因此，有必要对液体样品进行预处理以提高 LIBS 信号的稳定性和强度。液-固转换是液体分析中常用的预处理方法，如用吸附材料吸收待测元素，在非吸附性固体表面上干燥水样，电沉积，以及将液体冷冻成冰。此外，雾化或喷射大量的液体样品也可以提高检测的稳定性。

1. 吸附法

吸附法是一种常见的预浓缩方法。许多吸附材料被用来浓缩水样中的金属元素，如滤纸、木片、竹片、石墨、竹炭、螯合树脂、鱼骨等。吸附法是一种高效、经济、操作简便的方法，通过提高检测浓度解决了液体样品灵敏度低、稳定性差的问题。

不同的吸附剂对各种元素有不同的吸附性能。Haider 等应用四种吸附剂(茶叶、竹片、木炭和 ZnO)来提高地下水样品中 As 的 LOD。木炭和 ZnO 的效果更好，LOD 分别为 1mg/L 和 8mg/L。竹炭具有特殊的微孔和生物特性。由于具有良好的吸附性，Zhu 等用竹炭检测微量金属 Pb，LOD 为 8.5mg/L。Kang 等选择未受污染的木片基质富集水样中的微量 Pb。Pb 的 LOD 提高了两个数量级。石墨可以在 3~5min 内迅速积累水中的重金属，这适合于工业废水中重金属的在线监测。Zhao 等开发了一种基于 LIBS 的自动石墨富集重金属在线监测方法。工业废水中一些重金属元素的 LOD 值被降低到几个 ppb 的数量级，这与 ICP-OES 得到的测试结果非常一致。Tian 等利用螯合树脂快速富集水中的重金属 Cd，LOD 降低到 3.6μg/L。但是，吸附法的富集程度有限，而且基质只能使用一次。此外，很难保证吸附材料没有受到重金属的污染。

2. 成膜方法

另一种常见的预处理方法是将水样滴在非吸收性基底上，如氧化硅片基底($Si+SiO_2$)和多孔电纺超细纤维，并干燥成薄膜。此外，Shi 等使用 3D 阳极氧化铝多孔膜(3D AAOPM)作为基底，在干燥后装载液体样品进行 LIBS 分析。LIBS 信号增加了 19 倍，通过这种方式得到的 Cu^{2+}、Ag^{+}、Pb^{2+} 和 Cr^{3+} 的 LOD 分别为 0.18mg/L、0.12mg/L、0.081mg/L 和 0.11mg/L。Santos 等应用塑化 PVC 膜从水溶液中提取 Cu^{2+}，LOD 为 0.015mg/L。Lin 等将交联的聚乙烯醇(PVA)与水样充分混合，通过热蒸发将待测物质均匀地分布在超薄的 PVA 膜上。Ag、Cu、Cr、Pb、Ni、Co 和 Cd 的 LOD 分别为 0.001mg/L、0.008mg/L、0.016mg/L、1mg/L、1mg/L、2mg/L 和 5mg/L。

表面增强 LIBS(SENLIBS)技术通过将液体滴在固定基底(金属、半导体和玻璃)的表面上，将检测介质从液态转变为固相。这种技术不仅具有样品量小、制备简单的要求，而且具有高灵敏度和可重复性。Aguirre 等将 SENLIBS 用于检测铝金属基底上的干燥液滴，并报告了增强的 Mn 信号。Mn 的 LOD 达到 6mg/kg。Yang 等将化学置换和 SENLIBS 相结合，进一步提高了测量灵敏度。通过与高化学活性的 Mg 发生置换反应，重金属离子作为固体置换层预先集中在 Mg 合金表面。此外，Zn 金属基片也被用于检测稀土元素(La 和 Ce)。然而，在光滑的表面上很难将液体样品固定在一个确定的区域内，而且样品在基底表面的不均匀分布会影响 SENLIBS 的分析性能。因此，Bae 等将液体样品铺在激光图案硅片(LPSW)基底上，而 Niu 等将样品放在激光预处理的 Al 基底上。激光预处理的凹槽将金属溶液均匀地分布在一个区域，以提高 SENLIBS 的分析性能。此外，Ma 等比较了四种基底(Zn、Mg、Ni 和 Si)的检测性能，发现具有低沸点的 Zn 有利于提高灵敏度。据报道，LIBS 的检测灵敏度与衬底的物理特性密切相关。

3. 微萃取

微萃取利用分析物和萃取剂之间的化学反应实现富集。分散液-液微萃取(DLLME)是一种简单而经济的方法，具有较高的富集系数和萃取效率。Gaubeur 等将 DLLME 应用于水样中 Cr 的 LIBS 分析。LOD 达到 10mg/kg。与直接液体分析相比，其灵敏度提高了 32 倍，LOD 降低为原来的$\frac{1}{22}$。Jesus 等通过 DLLME 提取了水样中的 V 和 Mo。V 和 Mo 的 LOD 分别为 0. 03mg/L 和 0. 005mg/L。Aguirre 等也用 DLLME 提取水样中的五种金属元素，灵敏度提高了 4. 0~5. 5 倍，LOD 降低为原来的$\frac{5}{28}$~$\frac{5}{18}$倍。此外，分散型固相微萃取(SPME)也可以实现基质转换和预浓缩。Wang 等报道，SPME 对 Ag^{+}、Mn^{2+} 和 Cr^{3+} 的 LOD 分别为 0. 017mg/L、0. 011mg/L 和 9. 5μg/L。虽然微萃取可以提高 LIBS 分析的灵敏度，降低微量元素的 LODs，但是受到萃取效率和其他离子干扰的限制。

4. 冻结

将液体冷冻成冰是一种直接进行液-固转化的预处理方法。冰的消融通过防止飞溅和摇晃来改善液体的分析特性。Sobral 等对同一样品的液体和冰的 LIBS 检测结果进行了比较。由于固体的形成，冰样品提供了更好的 LIBS 信号，冰中的 LOD 平均为直接分析液体得到的$\frac{1}{6}$。Al-Adel 等应用快速冷冻法对水中的金属元素进行定量分析。LOD 达到了 ppm 级别，但需要注意的是，LIBS 分析应该在冰块融化之前完成。这需要一定的冷冻技术，如液氮冷冻。

5. 电沉积和其他的液-固转换方法

电沉积将液体样品转化并预浓缩为固体形式，用于 LIBS 测量。Ramli 等将水样电沉积在氧化铟锡玻璃上，应用低压 LIBS 检测福岛核电站附近水中的 Cs。Matsumoto 等将水样中的 Zn^{2+} 电沉积在铜电极上。预浓缩可以将整体灵敏度提高 1 万倍以上。Meng 等用 Al 电极富集液体样品中的重金属，Cd、Ni 和 Pb 的 LOD 值降低到几十 ppb。Al 电极没有被污染，克服了离子间的干扰。电沉积需要较长的样品制备时间、较大的样品量和精心设计的实验设备。

还有许多其他的液-固转换方法。Wang 等将金属沉淀与膜分离(MPMS)相结合，测量液体中的 Ag、Cr 和 Mn。金属离子与螯合试剂反应，形成沉淀的金属络合物，随后通过混合纤维素酯微滤膜分离。Ripoll 等提出了一个电喷雾沉积系统(图 1-2)分析水中的微量金属。液体样品被电喷到一个加热的基底上，形成固体残留物用于 LIBS 分析。这种方法避免了残留物的不均匀分布问题。Zheng 等使用阴极辉光放电系统将溶液转化为气相，然后用石墨吸收分离出来的汞蒸气进行 LIBS 分析。Hg 的 LOD 为 0.36mg/L。总之，这些液-固转换方法可以提供稳定而强烈的信号，但需要一些时间和材料实现转换过程。

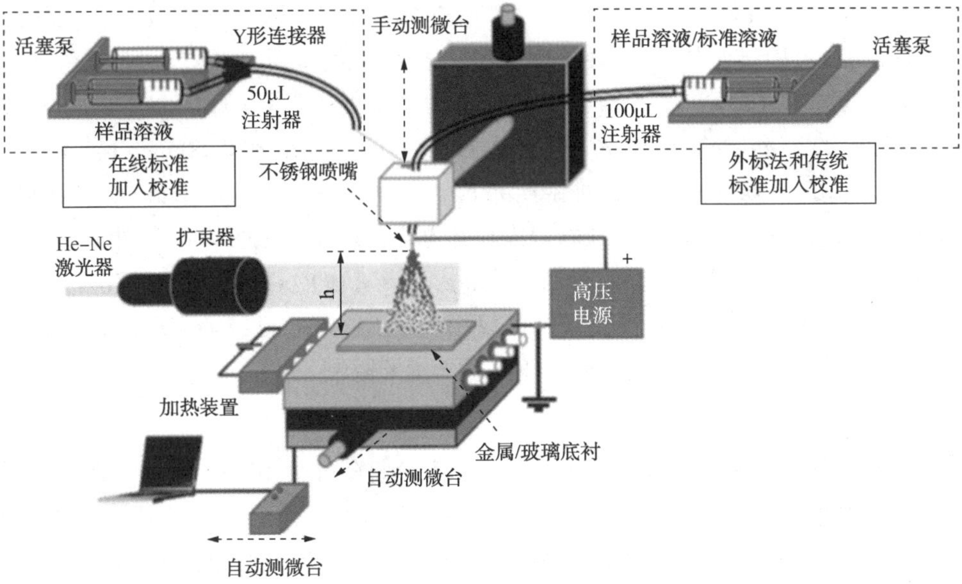

图 1-2　电喷雾沉积(ESD)系统的实验设置方案

6. 液气转换

将液体转换为气溶胶的目的是产生更稳定的样品，从而产生更稳定的 LIBS 信号。一些研究人员提出通过使用雾化器和干燥器对从溶液样品中产生的气溶胶进行 LIBS 测量。Aras 等对使用一个超声波雾化器和一个膜干燥器产生亚微米大小的气溶胶进行 LIBS 分析。这个 LIBS 系统对水样中的有毒金属进行了快速而敏感的实时监测。Sheng 等将微孔阵列喷雾器辅助的 LIBS 用于液体分析。RSD 降低到 2.2%以下。Jarvinen 等将含少量 NaCl 的水样转化为 NaCl 气溶胶颗粒，这增加了颗粒中微量金属的浓度。他们对单个气溶胶颗粒进行了 LIBS 分析，Pb 和 Zn 的 LOD 分别为 0.3mg/L 和 0.1mg/L。在后续工作中，电动平衡技术被用来准确捕捉带电的液滴，并将其转化为单个干燥的气溶胶颗粒进行 LIBS 分析。Ni、Pb 和 Zn 的 LOD 分别为 0.06mg/L、0.06mg/L 和 0.05mg/L。Unal 等提出了氢化物生成 LIBS（HG-LIBS）用于检测液体样品中的 Sn、As、Sb、Pb 和 Ge，要测量的元素以气态氢化物的形式与其他元素分离，然后雾化，但只适用于分析共价氢化物的元素。

7. 液体喷射

除了直接测量静态液体外，喷射流动也是一种直接测量方法。Barreda 等快速测定液体中的 Pt，并比较了 LIBS 在静态、液体喷射和液体流动分析中的灵敏度。与静态分析相比，通过液体流动和液体喷射测定 Pt 的 LOD 值降低为原来的 $\frac{1}{7}$。

与将激光直接聚焦到液体样品中相比，液体喷射提供了一个更稳定的液体检测面，从而产生了更有效、更稳定的等离子体，更便于测量。Wang 等将 $CsNO_3$ 样品溶液喷出，利用 LIBS 在低压下直接检测水中的微量 Cs 元素，LOD 可以达到 0.023mg/L。Ruas 等采用超薄液体喷射采样法检测水中的 Zr，Zr 的 LOD 约为 4mg/L。Lee 等使用双脉冲激光器分析液体喷射中的 B 和 Li，LOD 分别达到 0.8mg/L 和 0.8μg/L。此外，Zhang 等提出了一种类似于喷射原理的液体毛细管模式。在分析液体中的元素时表现出很好的重现性；RSD 优于 3%，线性拟合的 R^2 优于 0.998。Na 和 Cr 的 LOD 分别为 1mg/L 和 29mg/L，但不可否认的是，液体喷射需要相对较大体积的样品溶液。

总之，为了减少液体飞溅，降低检测限，提出了不同的预处理方法，每种方法对特定元素的 LOD 有不同程度的改善。表 1-3 展示了文献中报道的几种液体样品的预处理方法和元素的 LOD。

表 1-3　LIBS 结合预处理的水溶液中元素分析结果

元素	样本预处理	LOD
Ag	3D AAOPM	0.12mg/L
	PVA 聚合物膜	0.001mg/L
	SPME	0.017mg/L
	MP-MS	0.017mg/L
Al	雾化	6.5mg/L
As	ZnO	8mg/L
	雾化	1mg/L
	氢化物发生法	1.1mg/L

续表

元素	样本预处理	LOD
B	射流流动	0.8mg/L
Ca	雾化	1.8mg/L
	雾化	0.29mg/L
Cd	石墨	3.1μg/L
	螯合树脂	3.6μg/L
	Si SiO_2 基板	0.16mg/L
	Mg 合金基板	0.42mg/L
	激光加工 Al 基板	0.18mg/L
	冻结	1.4mg/L
	电喷雾沉积	0.012mg/L
	雾化	44mg/L
Ce	Zn 金属基板	4.1mg/L
Co	PVA 聚合物膜	2mg/L
Cr	石墨	0.012mg/L
	静电纺超细纤维	1.8mg/L
	3D AAOPM	0.11mg/L
	PVA 聚合物膜	0.016mg/L
	Mg 合金基板	0.025mg/L
	Zn 金属基板	1.1μg/L
	激光加工 Al 基板	0.019mg/L
	DLLME	3.1mg/kg
	DLLME	0.041mg/kg
	SPME	9.5μg/L
	MP-MS	1.3μg/L
	电喷雾沉积	0.034mg/L
	雾化	6.5mg/L
	射流流动	29mg/L
Cs	电沉积	0.2mg/L
	射流流动	0.023mg/L

续表

元素	样本预处理	LOD
Cu	石墨	4.8μg/L
	Si SiO_2基板	2.5μg/L
	静电纺超细纤维	1.9mg/L
	3D AAOPM	0.18mg/L
	PVC 膜	0.015mg/L
	PVA 聚合物膜	0.008mg/L
	Mg 合金基板	0.25mg/L
	DLLME	0.023mg/kg
	雾化	2mg/L
Ge	氢化物发生法	0.2mg/L
Hg	冻结	3.7mg/L
	阴极辉光放电	0.36mg/L
K	LPSW	0.6mg/L
	雾化	6mg/L
	雾化	6.2mg/L
La	Zn 金属基板	0.85mg/L
Li	射流流动	0.8μg/L
Mg	雾化	1.9mg/L
	雾化	0.85mg/L
Mn	Si SiO_2基板	6.7μg/L
	激光加工 Al 基板	6mg/kg
	DLLME	0.049mg/kg
	SPME	0.011mg/L
	MP-MS	0.011mg/L
Mo	DLLME	0.005mg/L
Na	雾化	0.45mg/L
	雾化	0.67mg/L
	射流流动	1mg/L
Nd	Zn 金属基板	11mg/L

续表

元素	样本预处理	LOD
Ni	石墨	0.034mg/L
	PVA 聚合物膜	1mg/L
	激光加工 Al 基板	0.022mg/L
	DLLME	0.11mg/kg
	电喷雾沉积	0.009mg/L
Pb	竹炭	8.5mg/L
	木片基材	0.32μg/L
	石墨	0.033mg/L
	Si SiO_2基板	0.095mg/L
	3D AAOPM	0.081mg/L
	PVA 聚合物膜	1mg/L
	Mg 合金基板	0.12mg/L
	Zn 金属基板	0.004mg/L
	冻结	1.3mg/L
	氢化物发生法	1.3mg/L
	雾化	14mg/L
	雾化	0.3mg/L
Pr	Zn 金属基板	3mg/L
Sb	氢化物发生法	1mg/L
Sa	氢化物发生法	0.37mg/L
V	DLLME	0.03mg/L
Zn	石墨	0.036mg/L
	DLLME	0.018mg/kg
	电沉积	5mg/L
	电喷雾沉积	0.031mg/L
	雾化	42mg/L
	雾化	0.1mg/L
Zr	射流流动	4mg/L

1.4.2.2　多元校正

目前，关于液体样品 LIBS 分析的研究大多集中在样品预处理方面；相对而言，对数据处理的研究还比较缺乏。LIBS 分析应保证元素定量的高准确性、高灵敏度和高稳定性。虽然 LIBS 分析产生了大量的光谱数据，但测量噪声是存在的，这影响了分析的准确性。过度的去噪可能会造成信号损失，而弱的去噪则可能没有效果。Schlenke 等和 Zhang 等使用小波理论抑制噪声和平滑信号，信噪比提高了约 2 倍。因此，需要适当的数据预处理方法减少光谱噪声，特别是对于液体样品。

标准校准是 LIBS 定量分析的一种常用方法。Huang 等使用全光谱归一化和光谱平滑以改善单变量定标模型的拟合，从而测量水溶液中的铬。对于不同的单变量定标模型，与单线定标相比，强度比定标提高了主题测量精度。强度比校准(数据平滑后)和单线校准的相对误差分别为 10.80%和 13.25%。Wang 等建立并比较了 MLR、神经网络回归(NNR)和 SVR 多变量模型在水中重金属分析中的应用效果。SVR 模型明显优于其他两种方法。平均 RSD 和平均相对误差都小于 3%。然而，多变量模型只在一定范围内提高了准确性和精确度，但不能改变固有的检测限。

尽管对水分析的化学计量学方法的研究有限，但可以与信号增强方法相结合，降低微量元素分析的 LOD。通过一个强大的定量模型，可以实现快速、准确和低成本的元素含量在线监测。

1.4.3　大气分析

LIBS 技术在大气监测中的应用包括对气溶胶和杂质气体的分析。用 LIBS 检测气溶胶颗粒仍然存在着信号弱和精度不够的局限性，并且缺乏系统的定量分析方法。因此，LIBS 技术在大气监测中的发展和应用是有限的。本节重点介绍与气溶胶、杂质气体和大气颗粒物有关的研究进展。表 1-4 总结了最近关于大气环境的 LIBS 工作，包括报告的元素或分子的检测限(空气质量浓度和质量)。

表 1-4　LIBS 技术在气溶胶分析的检测限

元素或分子	LOD	
	气体质量浓度	质量
Al_2O_3	—	0.2fg
Cd	0.67μg/m^3	5ng
CO_2	71mg/m^3	—

续表

元素或分子	LOD	
	气体质量浓度	质量
Cr	47ng/m³	35pg
	0.44ng/m³	11pg
Cu	20mg/m³	—
	0.018μg/m³	140pg
Ge	110mg/m³	—
He	14mg/m³	—
Mn	0.02μg/m³	160pg
Na	24ng/m³	18pg
	1.1ng/m³	28pg
Pb	70ng/m³	1.8ng
	450mg/m³	800pg
Si	32ng/m³	—
Ti	0.59μg/m³	440pg
Zn	86mg/m³	—

1.4.3.1 气溶胶检测

气溶胶检测的局限性与更大的信号变异性和较低的采样率有关。样品的密度会影响等离子体冲击波的扩展。冲击波的传播半径随着样品密度的降低而增加。因此，气溶胶样品的密度会影响信号的稳定性。此外，对固体的 LIBS 检测使用激光直接烧蚀样品以产生等离子体。然而，对于直接的气溶胶分析，首先在载气或杂质颗粒上产生等离子体，然后在等离子体膨胀过程中，膨胀体积中的气溶胶颗粒被烧蚀。因此，光谱信号变得不稳定，激光和目标粒子之间相互作用的有效采样率也直接影响到收集的光谱数据的质量。目前，研究人员主要致力于提高气溶胶粒子的采样率和重金属元素的定量分析。

1.4.3.2 气溶胶采样和测量方法

Diwakar 等回顾了常见的气溶胶采样和测量方法，一般分为直接测量气溶胶流量和间接测量收集在过滤网或基质上的气溶胶两类。直接分析要求激光直接聚焦于气溶胶中进行检测。包括自由流动或汇聚流动的测量。自由流动测量意味着载气携带气溶胶颗粒自由而均匀地通过检测室。汇流测量使用一个喷嘴将气溶胶颗粒集中到一个狭窄的载气流中，从而提高气溶胶浓度和采样率。但是，实验系统较复杂，不容易开发出便携式测量装置。Dutouquet 等将一个可运输的 LIBS 系统(图 1-3)连接到一个铸造厂的排气管道上，用于监测重金属的排放。在直接 LIBS 分析中，Cu 的 LOD 为 $20mg/m^3$。Strauss 等报告了对气流中颗粒物的直接分析。该系统的时间分辨率通过使用额外的对流得到改善。Palasti 等通过激光烧蚀检测氮气流中的碳质气溶胶。煤质气溶胶的 LOD 约为 $600mg/m^3$。直接测量方法可以提供即时信息，但需要几十个甚至几百个脉冲才能产生有效的燃烧，而且采样率在百分之几的水平上。

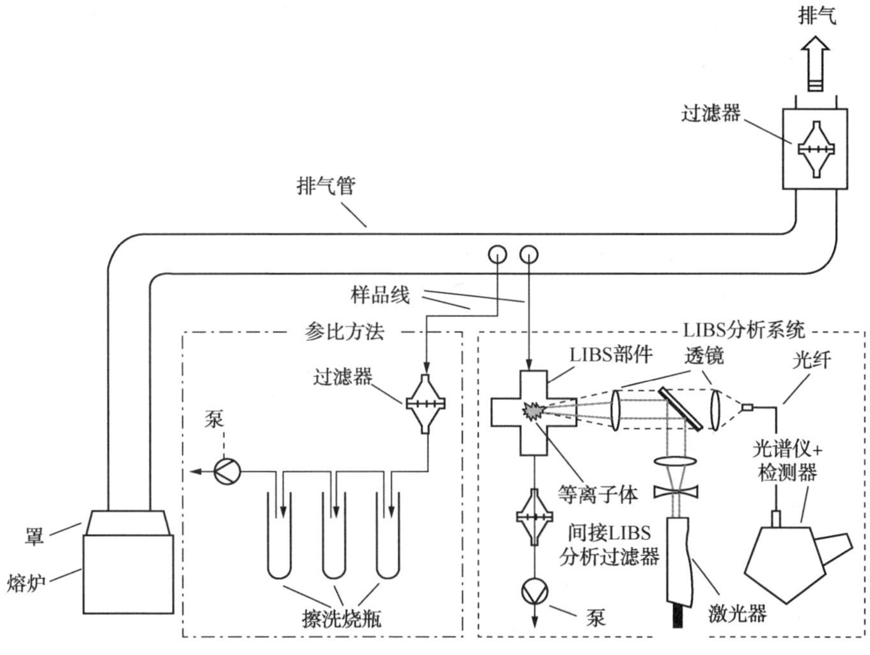

图 1-3　现场试验装置

对于直接分析，颗粒浓度很低，采样率往往低于 1%；因此，许多收集到的光谱数据是无效的，不包含样品信息。通过使用载体过滤和吸附气溶胶，间接测量提高了测量浓度，从而克服了由于颗粒浓度低而无法获得高信噪比的限制。Dutouquet 等为间接分析配备了一个过滤器(图 1-3)。此外，Diwakar 等提出了一种新的气溶胶实时测量方法。气溶胶颗粒首先被充电并通过静电沉积收集在平头微针电极上，然后再进行 LIBS 测量。虽然需要复杂的取样过程，但间接分析在获得气溶胶样品颗粒的数量方面更有效。

1.4.3.3　定量分析

LIBS 技术在气溶胶分析领域表现出了潜力。可以定量检测不同条件下的粒子流，如环境空气监测和排气管道监测。Fortes 等使用光学弹射和光学捕集来捕捉单个气溶胶颗粒并进行 LIBS 分析。Al_2O_3颗粒的 LOD 达到 0.2 fg。Xiong 等提出了一种相位选择 LIBS 方法，用于检测旋转的合成火焰中的纳米颗粒。这种方法有可能以极低的检测限对纳米粒子进行基本测量。Diwakar 等将 SIBS 用于气溶胶中的元素鉴定和定量。气溶胶颗粒在金属电极上充电和收集，用电火花代替激光产生等离子体，LODs 明显提高到 11pg～1.8ng。由于传统 LIBS 的气溶胶采样率相对较低，不是每个激光脉冲都能击中颗粒并产生等离子体。因此，为了获得准确的定量结果，在数据处理之前需要对收集的光谱进行筛选。目前，有一些关于气溶胶定量分析的报告，通常采用单变量校准，尽管也有使用多变量校准方法的。

1.4.3.4　判别分析

识别空气中气溶胶的来源对于空气污染的处理和保护非常重要。Palasti 等对五种碳质气溶胶进行了定性的区分。发现多变量统计学方法(分类树、线性和二次判别分析)在气溶胶区分中比简单的比较函数(重叠积分、平方偏差和线性相关)更有效。没有数据压缩的分类树方法表现出最好的性能，总体准确率为 87.50%。然而，大气中的气溶胶很容易受到温度和风的影响而发生迁移和转化，这不利于通过成分分析区分不同的污染源。目前，关于气溶胶判别分析的研究很少，可以借助于化学计量学对气溶胶的定性(判别)分析进行更多尝试。

1.4.3.5　气体测定

关于用 LIBS 测定气体的研究正在进行。Dikshit 等报告了大气中二氧化碳浓度的测量，LOD 为 $71mg/m^3$，RSD 为 3.6%。Eseller 等使用 LIBS 技术来监测主要由氢气组成的混合气体中的 He 杂质。He 的 LOD 为 $14mg/m^3$。然而，存在诸如激光诱导的等离子体的不稳定性和光谱强度的问题。与固体相比，气体介质的密度低得多，而且等离子体吸收的激光能量不同，这可能导致等离子体引发过程的可重复性较差，由此产生的 LIBS 信号也不稳定。Yin 等设计了一种新的碗状腔板，以减少信号波动，提高检测稳定性。碗状密闭减少了气态样品分析中的信号波动，采用光谱归一化方法将测量的 RSD(N：2.94%，O：3.97%)降低到与固态样品差不多的水平。

在实际应用中，由于排放控制的需要，往往需要实时快速监测，LIBS 可以实现实时原位检测。Qu 等利用 LIBS 技术对当地的空气污染(燃烧驱蚊香的烟雾作为模拟样品)进行了原位监测。在这种烟雾中观察到了 Ca、Cr、Fe、Sr 和 Ti 的一些特征光谱线，这可能会造成空气污染。还利用 LIBS 技术实时监测和比较了人类呼吸和环境空气的光谱。因此，LIBS 在空气污染监测方面有很大的应用潜力。

1.4.3.6 大气颗粒物检测

大气颗粒物是描述存在于大气中的各种固体和液体颗粒状物质的总称。大气颗粒物中的重金属对人体健康造成巨大危害，快速检测其中的重金属具有重要意义。Awan 等通过优化 LIBS 实验参数(条件)，测定了环境空气颗粒物中的重金属(Ge、Zn 和 Pb)。Ge、Zn 和 Pb 的 LOD 分别为 110mg/m^3、86mg/m^{3}和 450mg/m^3。Kwak 等通过 LIBS 测定了 PM10 中每小时的平均重金属浓度，并采用了自动粒子收集基质阶段。PCA 被用来处理实时监测的 LIBS 光谱数据，以表明大气颗粒物中的重金属含量与雾霾事件之间的关系。然而，这个装置仍然需要提前收集大气中的颗粒物，然后进行检测。为了快速解决大气颗粒物的实时监测问题，有必要开发一个单一颗粒物检测 LIBS 系统。

一般来说，收集到的大气样品的光谱总是包含许多没有样品信息的空数据。然而，化学计量学方法可以消除这些无效数据，从而提高信噪比和 LOD。用化学计量学方法对一天中不同时间间隔的大气环境中的金属浓度进行时间分析，可以区分不同地方污染事件的金属分布，为识别污染源提供有益的启示。

1.5 展望

作为一种具有现场部署潜力的化学分析技术，LIBS 可以检测不同形式的样品。此外，凭借快速、简单的样品制备和同时检测多种元素的优势，LIBS 技术被广泛用于环境监测，如土壤、水和大气气溶胶的分析。不同的环境样品面临一些不同的分析问题和限制。对土壤的 LIBS 分析的重点主要是减少基质效应。水样测量的重点是如何获得更稳定、更高强度的等离子体。气溶胶测量的研究重点是如何克服检测过程中采样率的限制。根据环境样品的性质，采用不同的样品处理方法、实验设计和定性或定量分析的方法来提高检测精度和降低检测限。

目前，用 LIBS 测量的许多元素的 LOD 已经达到甚至低于环境保护标准，但大多数研究的重点仍然是如何进一步降低检测限。此外，这些测试结果一般是在实验室条件下获得的，而环境监测需要快速和理想的实时测量。因此，在难以获得和运输样品的特殊情况下，原位或在线分析是必要的。尽管 LIBS 已经成功地应用于环境样品的现场测量，但关于原位或在线监测系统的研究较少，而且分析的准确性和精确性也有待提高。LIBS 用于现场测量的能力不仅得益于仪器的发展，也得益于数据处理算法的改进。在未来，LIBS 的研究和发展将趋于脱离实验室测试，而转向快速的原位环境监测。

综上所述，LIBS 技术在环境监测方面具有广泛的应用前景。随着学者们研究的深入和实际监测系统的发展，LIBS 技术在环境监测领域将越来越受欢迎。

参 考 文 献

[1] Zhang R Y，Wang G H，Guo S，et al. Formation of urban fine particulate matter[J]. Chemical Reviews，2015，115：3803-3855.

[2] Harada M. Minamata disease：methylmercury poisoning in Japan caused by environmental pollution[J]. Critical Reviews in Toxicology，1995，25：1-24.

[3] Hu B F，Jia X L，Hu J，et al. Assessment of heavy metal pollution and health risks in the soil-plant - human system in the Yangtze River Delta，China [J]. International Journal of Environmental Research and Public Health，2017，14：1042.

[4] Caporale A G，Adamo P，Capozzi F，et al. Monitoring metal pollution in soils using portable-XRF and conventional laboratory-based techniques：evaluation of the performance and limitations according to metal properties and sources[J]. Science of the Total Environment，2018，643：516-526.

[5] Profrock D，Prange A. Inductively coupled plasma mass spectrometry(ICP-MS) for quantitative analysis in environmental and life sciences：a review of challenges，solutions，and trends[J]. Applied Spectroscopy，2012，66：843-868.

[6] Soylak M，Unsal Y B，Kizil N，et al. Utilization of membrane filtration for preconcentration and determination of Cu(Ⅱ) and Pb(Ⅱ) in food，water and geological samples by atomic absorption spectrometry[J]. Food Chemical Toxicology，2010，48：517-521.

[7] Radu T，Diamond D. Comparison of soil pollution concentrations determined using AAS and portable XRF techniques[J]. Journal of Hazardous Materials，2009，171：1168-1171.

[8] Qiao S J，Ding Y，Tian D，et al. A review of laser-induced breakdown spectroscopy for analysis of geological materials[J]. Applied Spectroscopy Reviews，2015，50：1-26.

[9] Zhang T L，Yan C H，Qi J，et al. Classification and discrimination of coal ash by laser-induced breakdown spectroscopy(LIBS) coupled with advanced chemometric methods[J]. Journal of Analytical Atomic Spectrometry，2017，32：1960-1965.

[10] Frydenvang J, Kinch K M, Husted S, et al. An optimized calibration procedure for determining elemental ratios using laser-induced breakdown spectroscopy[J]. Analytical Chemistry, 2013, 85: 1492-1500.

[11] Qi J, Zhang T L, Tang H S, et al. Rapid classification of archaeological ceramics via laser-induced breakdown spectroscopy coupled with random forest[J]. Spectrochimica Acta Part B: Atomic Spectroscopy, 2018, 149: 288-293.

[12] Guirado S, Fortes F J, Laserna J J. Elemental analysis of materials in an underwater archeological shipwreck using a novel remote laser-induced breakdown spectroscopy system[J]. Talanta, 2015, 137: 182-188.

[13] Cortez J, Pasquini C. Ring-oven based preconcentration technique for microanalysis: simultaneous determination of Na, Fe, and Cu in fuel ethanol by laser induced breakdown spectroscopy[J]. Analytical Chemistry, 2013, 85: 1547-1554.

[14] Gasda P J, Acosta-Maeda T B, Lucey P G, et al. Next generation laser-based standoff spectroscopy techniques for Mars exploration[J]. Applied Spectroscopy, 2015, 69: 173-192.

[15] Yu X D, Li Y, Gu X F, et al. Laser-induced breakdown spectroscopy application in environmental monitoring of water quality: a review[J]. Environmental Monitoring Assessment, 2014, 186: 8969-8980.

[16] Rehse S J, Salimnia H, Miziolek A W. Laser-induced breakdown spectroscopy(LIBS): an overview of recent progress and future potential for biomedical applications[J]. Journal of Medical Engineering and Technology, 2012, 36: 77-89.

[17] Ruan F Q, Zhang T L, Li H. Laser-induced breakdown spectroscopy in archeological science: a review of its application and future perspectives[J]. Applied Spectroscopy Reviews, 2019, 54: 573-601.

[18] Zhang T L, Liang L, Wang K, et al. A novel approach for the quantitative analysis of multiple elements in steel based on laser-induced breakdown spectroscopy(LIBS) and random forest regression(RFR)[J]. Journal of Analytical Atomic Spectrometry, 2014, 29: 2323-2329.

[19] Gaudiuso R, Dell'Aglio M, De Pascale O, et al. Laser induced breakdown spectroscopy for elemental analysis in environmental, cultural heritage and space applications: a review of methods and results[J]. Sensors(Bas), 2010, 10: 7434-7468.

[20] Fortes F J, Moros J, Lucena P, et al. Laser-induced breakdown spectroscopy[J]. Analytical Chemistry, 2013, 85: 640-669.

[21] Harmon R S, Russo R E, Hark R R. Applications of laser-induced breakdown spectroscopy for geochemical and environmental analysis: a comprehensive review[J]. Spectrochimica Acta Part B: Atomic Spectroscopy, 2013, 87: 11-26.

[22] Zorov N B, Popov A M, Zaytsev S M, et al. Qualitative and quantitative analysis of environ-

mental samples by laser-induced breakdown spectrometry[J]. Russian Chemical Reviews, 2015, 84: 1021-1050.

[23] Butler O T, Cairns W R L, Cook J M, et al. 2013 atomic spectrometry update-a review of advances in environmental analysis [J]. Journal of Analytical Atomic Spectrometry, 2014, 29: 1750.

[24] Butler O T, Cairns W R L, Cook J M, et al. 2014 atomic spectrometry update-a review of advances in environmental analysis[J]. Journal of Analytical Atomic Spectrometry, 2015, 30: 21-63.

[25] Butler O T, Cairns W R L, Cook J M, et al. Atomic spectrometry update-a review of advances in environmental analysis[J]. Journal of Analytical Atomic Spectrometry, 2016, 31: 35-89.

[26] Russo R E, Mao X L, Liu H C, et al. Time-resolved plasma diagnostics and mass removal during single-pulse laser ablation[J]. Applied Physics A Materials Science Processing, 1999, 69: S887-S894.

[27] Villas-Boas P R, Romano R A, Franco M A M, et al. Laser-induced breakdown spectroscopy to determine soil texture: a fast analytical technique[J]. Geoderma, 2016, 263: 195-202.

[28] Cremers D A, Chinni R C. Laser-induced breakdown spectroscopy-capabilities and limitations [J]. Applied Spectroscopy Reviews, 2009, 44: 457-506.

[29] Zhang T L, Wu S, Tang H S, et al. Progress of chemometrics in laser-induced breakdown spectroscopy analysis[J]. Chinese Journal of Analytical Chemistry, 2015, 43: 93994B.

[30] Zhang T L, Tang H S, Li H. Chemometrics in laser-induced breakdown spectroscopy[J]. Journal of Chemometrics, 2018, 32: e2983.

[31] Guo L B, Zhang B Y, He X N, et al. Optimally enhanced optical emission in laser-induced breakdown spectroscopy by combining spatial confinement and dual-pulse irradiation[J]. Optics Express, 2012, 20: 1436-1443.

[32] Zakuskin A S, Popov A M, Zorov N B, et al. Confinement of laser plasma by shock waves for increasing signal intensity in spectrochemical determination of trace elements in ores[J]. Technical Physics Letters, 2018, 44: 73-76.

[33] Akhtar M, Jabbar A, Mehmood S, et al. Magnetic field enhanced detection of heavy metals in soil using laser induced breakdown spectroscopy[J]. Spectrochimica Acta Part B: Atomic Spectroscopy, 2018, 148: 143-151.

[34] Liu Y, Bousquet B, Baudelet M, et al. Improvement of the sensitivity for the measurement of copper concentrations in soil by microwave-assisted laser-induced breakdown spectroscopy[J]. Spectrochimica Acta Part B: Atomic Spectroscopy, 2012, 73: 89-92.

[35] Li K X, Zhou W D, Shen Q M, et al. Laser ablation assisted spark induced breakdown spectroscopy on soil samples[J]. Journal of Analytical Atomic Spectrometry, 2010, 25: 1475-1481.

[36] Labutin T A, Lednev V N, Ilyin A A, et al. Femtosecond laser – induced breakdown spectroscopy[J]. Journal of Analytical Atomic Spectrometry, 2016, 31: 90-118.

[37] Singh J P, Thakur S N. Laser-induced breakdown spectroscopy[M]. Elsevier, Amsterdam, The Netherlands, 2007.

[38] Golik S S, Bukin O A, Ilyin A A, et al. Determination of detection limits for elements in water by femtosecond laser-induced breakdown spectroscopy[J]. Journal of Applied spectroscopy, 2012, 79: 471-476.

[39] Ilyin A A, Golik S S. Femtosecond laser-induced breakdown spectroscopy of sea water[J]. Spectrochimica Acta Part B: Atomic Spectroscopy, 2013, 87: 192-197.

[40] Nicolodelli G, Cabral J, Menegatti C R, et al. Recent advances and future trends in LIBS applications to agricultural materials and their food derivatives: an overview of developments in the last decade (2010 - 2019). Part I. Soils and fertilizers [J]. TRAC Trends in Analytical Chemistry, 2019, 115: 70-82.

[41] Cremere D A, Radziemski L J, Loree T R. Spectrochemical analysis of liquids using the laser spark[J]. Applied Spectroscopy, 1984, 38: 721-729.

[42] Rifai K, Laville S, Vidal F, et al. Quantitative analysis of metallic traces in water-based liquids by UV-IR double-pulse laser-induced breakdown spectroscopy [J]. Journal of Analytical Atomic Spectrometry, 2012, 27: 276-283.

[43] Lee D H, Han S C, Kim T H, et al. Highly sensitive analysis of boron and lithium in aqueous solution using dual-pulse laser-induced breakdown spectroscopy[J]. Analytical Chemistry, 2011, 83: 9456-9461.

[44] Nicolodelli G, Senesi G S, Romano R A, et al. Signal enhancement in collinear double-pulse laser-induced breakdown spectroscopy applied to different soils[J]. Spectrochimica Acta Part B: Atomic Spectroscopy, 2015, 111: 23-29.

[45] Popov A M, Colao F, Fantoni R. Spatial confinement of laser-induced plasma to enhance LIBS sensitivity for trace elements determination in soils[J]. Journal of Analytical Atomic Spectrometry, 2010, 25: 837-848.

[46] Wall M, Sun Z W, Alwahabi Z T. Quantitative detection of metallic traces in water-based liquids by microwave-assisted laser-induced breakdown spectroscopy[J]. Optics Express, 2016, 24: 1507-1517.

[47] Srungaram P K, Ayyalasomayajula K K, Yu-Yueh F, et al. Comparison of laser induced breakdown spectroscopy and spark induced breakdown spectroscopy for determination of mercury in soils[J]. Spectrochimica Acta Part B: Atomic Spectroscopy, 2013, 87: 108-113.

[48] Yi R X, Li J M, Yang X Y, et al. Spectral interference elimination in soil analysis using laser-induced breakdown spectroscopy assisted by laser-induced fluorescence[J]. Analytical Chemis-

try, 2017, 89: 2334-2337.

[49] Kang J, Li R H, Wang Y R, et al. Ultrasensitive detection of trace amounts of lead in water by LIBS-LIF using a wood-slice substrate as a water absorber[J]. Journal of Analytical Atomic Spectrometry, 2017, 32: 2292-2299.

[50] Nicolodelli G, Villas-Boas P R, Menegatti C R, et al. Determination of Pb in soils by double-pulse laser-induced breakdown spectroscopy assisted by continuum wave- diode laser-induced fluorescence[J]. Applied Optics, 2018, 57: 8366-8372.

[51] Fu X, Duan F J, Huang T T, et al. A fact variable selection method for quantitative analysis of soils using laser - induced breakdown spectroscopy [J]. Journal of Analytical Atomic Spectrometry, 2017, 32: 1166-1176.

[52] Jiang Y C, Sha W, Zhang B H, et al. Quantitative analysis of magnesium in soil by laser-induced breakdown spectroscopy coupled with nonlinear multivariate calibration[J]. Journal of Applied Spectroscopy, 2017, 84: 731-737.

[53] Haddad J E, Villot-Kadri M, Ismael A, et al. Artificial neural network for on-site quantitative analysis of oil using laser induced breakdown spectroscopy[J]. Spectrochimica Acta Part B: Atomic Spectroscopy, 2013, 79-80: 51-57.

[54] Wang T, He M J, Shen T T, et al. Multi-element analysis of heavy metal content in soils using laser-induced breakdown spectroscopy: a case study in eastern China[J]. Spectrochimica Acta Part B: Atomic Spectroscopy, 2018, 149: 300-312.

[55] Mukhono P M, Angeyo K H, Dehayem-Kamadjeu A, et al. Laser induced breakdown spectroscopy and characterization of environmental matrices utilizing multivariate chemometrics [J]. Spectrochimica Acta Part B: Atomic Spectroscopy, 2013, 87: 81-85.

[56] Kim G, Kwak J, Kim K R, et al. Rapid detection of soils contaminated with heavy metals and oils by laser induced breakdown spectroscopy (LIBS) [J]. Journal of Hazardous Materials, 2013, 263: 754-760.

[57] Yu K Q, Zhao Y R, Liu F, et al. Laser-induced breakdown spectroscopy coupled with multivariate chemometrics for variety discrimination of soil[J]. Scientific Reports, 2016, 6: 27574.

[58] Haddad J E, Bruyere D, Ismael A, et al. Application of a series of artificial neural network to on-site quantitative analysis of lead into real soil samples by laser induced breakdown spectroscopy[J]. Spectrochimica Acta Part B: Atomic Spectroscopy, 2014, 97: 57-64.

[59] Popov A M, Zaytsev S M, Seliverstova L V, et al. Matrix effects on laser - induced plasma parameters for soils and ores[J]. Spectrochimica Acta Part B: Atomic Spectroscopy, 2018, 148: 205-210.

[60] Rapin W, Bousquet B, Lasue J, et al. Roughness effects on the hydrogen signal in laser-induced breakdown spectroscopy[J]. Spectrochimica Acta Part B: Atomic Spectroscopy, 2017, 137:

13-22.

[61] Suyanto H, Lie T J, Kurniawan K H, et al. Practical soil analysis by laser induced breakdown spectroscopy employing subtarget supported micro mesh as a powder sample holder[J]. Spectrochimica Acta Part B: Atomic Spectroscopy, 2017, 137: 59-63.

[62] Chen C H, Shi Q, Wang S, et al. A novel method for metallic element analysis in particle samples using a laser-induced breakdown spectroscopy technique[J]. Journal of Analytical Atomic Spectrometry, 2016, 31: 1527-1533.

[63] Fu X L, Li G L, Tian H W, et al. Detection of cadmium in soils using laser-induced breakdown spectroscopy combined with spatial confinement and resin enrichment[J]. RSC Advances, 2018, 8: 39635-39640.

[64] Yi R X, Yang X Y, Zhou R, et al. Determination of trace available heavy metals in soil using lacer- induced breakdown spectroscopy assisted with phase transformation method [J]. Analytical Chemistry, 2018, 90: 7080-7085.

[65] Kim G, Yoon Y J, Kim H A, et al. Elemental composition of Arctic soils and aerosols in Ny-Alesund measured using laser-induced breakdown spectroscopy[J]. Spectrochimica Acta Part B: Atomic Spectroscopy, 2017, 134: 17-24.

[66] Yan X T, Donaldson K M, Davidson C M, et al. Effects of sample pretreatment and particle size on the determination of nitrogen in soil by portable LIBS and potential use on robotic-bone remote Martian and agricultural soil analysis systems[J]. RSC Advances, 2018, 8: 36886-36894.

[67] Senesi G S, Senesi N. Laser-induced breakdown spectroscopy(LIBS) to measure quantitatively soil carbon with emphasis on soil organic carbon. a review[J]. Analytica Chimica Acta, 2016, 938: 7-17.

[68] Knadel M, Gislum R, Hermansen C, et al. Comparing predictive ability of laser-induced breakdown spectroscopy to visible near-infrared spectroscopy for soil property determination[J]. Biosystems Engineering, 2017, 156: 157-172.

[69] Bricklemyer R S, Brown D J, Turk P J, et al. Improved intact soil-core carbon determination applying regression shrinkage and variable selection techniques to complete spectrum laser-induced breakdown spectroscopy(LIBS) [J]. Applied Spectroscopy, 2013, 67: 1185-1199.

[70] Xu X B, Du C W, Ma F, et al. Detection of soil organic matter from laser-induced breakdown spectroscopy(LIBS) and mid. infrared spectroscopy(FTIR-ATR) coupled with multivariate techniques[J]. Geoderma, 2019, 355: 113905.

[71] Yi R X, Guo L B, Li C M, et al. Investigation of the self-absorption effect using spatially resolved laser-induced breakdown spectroscopy[J]. Journal of Analytical Atomic Spectrometry, 2016, 31: 961-967.

[72] Guo G M, Niu G H, Shi Q, et al. Multi-element quantitative analysis of oil by laser induced breakdown spectroscopy(LIBS) coupled with univariate and multivariate regression methods[J]. Analytical Methods, 2019, 11: 3006-3013.

[73] Guezenoc J, Bassel L, Gallet-Budynek A, et al. Variables selection: a critical issue for quantitative lacer-induced breakdown spectroscopy[J]. Spectrochimica Acta Part B: Atomic Spectroscopy, 2017, 134: 6-10.

[74] Singh R, Gautam N, Mishra A, et al. Heavy metals and living systems: an overview[J]. Indian Journal of Pharmacology, 2011, 43: 246-253.

[75] Labutin T A, Zaytsev S M, Popov A M, et al. A novel approach to sensitivity evaluation of laser-induced breakdown spectroscopy for rare earth elements determination[J]. Journal of Analytical Atomic Spectrometry, 2016, 31: 2223-2226.

[76] Labutin T A, Zaytsev S M, Popov A M, et al. Comparison of the thermodynamic and correlation criteria for intimal standard selection in laser-induced breakdown spectrometry[J]. Spectrochimica Acta Part B: Atomic Spectroscopy, 2013, 87: 57-64.

[77] Popov A M, Labutin T A, Zaytsev S M, et al. Determination of Ag, Cu, Mo and Pb in soils and ores by laser-induced breakdown spectrometry[J]. Journal of Analytical Atomic Spectrometry, 2014, 29: 1925-1933.

[78] Dell'Aglio M, Gaudiuso R, Senesi G S, et al. Monitoring of Cr, Cu, Pb, V and Zn in polluted soils by laser induced breakdown spectroscopy(LIBS)[J]. Journal of Environmental Monitoring, 2011, 13: 1422-1426.

[79] Popov A M, Kozhnov M O, Labutin T A, et al. Rapid determination of zinc in soils by laser-induced breakdown spectroscopy[J]. Technical Physics Letters, 2013, 39: 81-83.

[80] Yi R X, Guo L B, Zou X H, et al. Background removal in soil analysis using laser-induced breakdown spectroscopy combined with standard addition method[J]. Optics Express, 2016, 24: 2607-2618.

[81] Wu C, Sun D X, Su M G, et al. Quantitative analysis of Pb in soil samples by laser-induced breakdown spectroscopy with a simplified standard addition method[J]. Journal of Analytical Atomic Spectrometry, 2019, 34: 1478-1484.

[82] Rehan I, Gondal M A, Rehan K. Determination of lead content in drilling fueled soil using laser induced spectral analysis and its cross validation using ICP/OES method[J]. Talanta, 2018, 182: 443-449.

[83] Kim K R, Kim G, Kim J Y, et al. Kriging interpolation method for laser induced breakdown spectroscopy(LIBS) analysis of Zn in various soils [J]. Journal of Analytical Atomic Spectrometry, 2014, 29: 76-84.

[84] Ferreira E C, Milori D M B P, Ferreira E J, et al. Evaluation of laser induced breakdown spec-

troscopy for multi elemental determination in soils under sewage sludge application[J]. Talanta, 2011, B5: 435-440.

[85] Zaytsev S M, Krylov I N, Popov A M, et al. Accuracy enhancement of a multivariate calibration for lead determination in soils by laser induced breakdown spectroscopy[J]. Spectrochimica Acta Part B: Atomic Spectroscopy, 2018, 140: 65-72.

[86] Popov A M, Kozhnov M O, Zaytsev S M, et al. Enhanced sensitivity of direct beryllium determination in soil by laser-induced breakdown spectrometry[J]. Journal of Applied spectroscopy, 2015, 82: 739-743.

[87] Labutin T A, Popov A M, Zaytsev S M, et al. Determination of copper content in soils and ores by laser-induced breakdown spectrometry[J]. Optics and Spectroscopy, 2016, 121: 339342.

[88] Chan G C Y, Choi I, Mao X L, et al. Isotopic determination of uranium in soil by laser induced breakdown spectroscopy[J]. Spectrochimica Acta Part B: Atomic Spectroscopy, 2016, 122: 31-39.

[89] Chatterjee S, Singh M, Biswal B P, et al. Application of laser-induced breakdown spectroscopy (LIBS) coupled with PCA for rapid classification of soil samples in geothermal areas[J]. Analytical and Bioanalytical Chemistry, 2019, 411: 2855-2866.

[90] Jantzi S C, Almirall J R. Characterization and forensic analysis of soil samples using laser-induced breakdown spectroscopy (LIBS) [J]. Analytical and Bioanalytical Chemistry, 2011, 400: 3341-3351.

[91] Fortes F J, Laserna J J. The development of fieldable laser-induced breakdown spectrometer: no limits on the horizon[J]. Spectrochimica Acta Part B: Atomic Spectroscopy, 2010, 65: 975-990.

[92] Ramli M, Khumaeni A, Kurniawan K H, et al. Spectrochemical analysis of Cs in water and soil using low pressure laser induced breakdown spectroscopy[J]. Spectrochimica Acta Part B: Atomic Spectroscopy, 2017, 132: 8-12.

[93] Ollila A M, Newsom H E, Clark B, et al. Trace element geochemistry (Li, Ba, Sr, and Rb) using curiosity's ChemCam: early results for Gale crater from brad bury landing site to rock nest [J]. Journal of Geophysical Research-Planets, 2014, 119: 255-285.

[94] Meng D S, Zhao N J, Wang Y Y, et al. On- line/on-site analysis of heavy metals in water and soils by laser induced breakdown spectroscopy[J]. Spectrochimica Acta Part B: Atomic Spectroscopy, 2017, 137: 39-45.

[95] Popov A M, Drozdova A N, Zaytsev S M, et al. Rapid, direct determination of strontium in natural waters by laser induced breakdown spectroscopy[J]. Journal of Analytical Atomic Spectrometry, 2016, 31: 1123-1130.

[96] Haider A F M Y, Ullah M H, Khan Z H, et al. Detection of trace amount of arsenic in ground-

water by laser - induced breakdown spectroscopy and adsorption [J]. Optics and Laser Technology, 2014, 56: 299-303.

[97] Zhu D H, Chen J P, Lu J, et al. Laser-induced breakdown spectroscopy for determination of trace metals in aqueous solution using bamboo charcoal as a solid-phase extraction adsorbent[J]. Analytical Methods, 2012, 4: 819-823.

[98] Zhao N J, Meng D S, Jia Y, et al. On-line quantitative analysis of heavy metals in water based on laser-induced breakdown spectroscopy[J]. Optics Express, 2019, 27: A495-A506.

[99] Tian H W, Jiao L Z, Dong D M. Rapid determination of trace cadmium in drinking water using laser-induced breakdown spectroscopy coupled with chelating resin enrichment[J]. Scientific Reports, 2019, 9: 10443.

[100] Rezk R A, Galmed A H, Abdelkreem M, et al. Detachment of Cu(II) and Co(II) ions from synthetic wastewater via adsorption on lates niloticus fish bones using LIBS and XRF[J]. Journal of Advanced Research, 2018, 14: 1-9.

[101] Aras N, Yalgin S. Development and validation of a laser-induced breakdown spectroscopic method for ultra-trace determination of Cu, Mn, Cd and Pb metals in aqueous droplets after drying[J]. Talanta, 2016, 149: 53-61.

[102] Lin Q Y, Wei Z M, Xu M J, et al. Laser-induced breakdown spectroscopy for solution sample analysis using porous electrospun ultrafine fibers as a solid-phase support[J]. RSC Advances, 2014, 4: 14392-14399.

[103] Shi Q, Niu G H, Lin Q Y, et al. Exploration of a 3D nano-channel porous membrane material combined with laser-induced breakdown spectrometry for fast and sensitive heavy metal detection of solution samples[J]. Journal of Analytical Atomic Spectrometry, 2014, 29: 2302-2308.

[104] Santos K M, Cortez J, Raimundo L M, et al. An assessment of the applicability of the use of a plasticised PVC membrane containing pyrochatecol violet complexing reagent for the determination of Cu^{2+} ions in aqueous solutions by LIBS[J]. Microchemical Journal, 2013, 110: 435-438.

[105] Lin Q Y, Han X D, Wang J, et al. Ultra-trace metallic element detection in liquid samples using laser induced breakdown spectroscopy based on matrix conversion and crosslinked PVA polymer membrane[J]. Journal of Analytical Atomic Spectrometry, 2016, 31: 1622-1630.

[106] Aguirre M A, Legnaioli S, Almodovar F, et al. Elemental analysis by surface-enhanced laser-induced breakdown spectroscopy combined with liquid-liquid microextraction[J]. Spectrochimica Acta Part B: Atomic Spectroscopy, 2013, 79-80: 88-93.

[107] Yang X Y, Hao Z Q, Li C M, et al. Sensitive determinations of Cu, Pb, Cd, and Cr elements in aqueous solutions using chemical replacement combined with surface-enhanced laser-

induced breakdown spectroscopy[J]. Optics Express, 2016, 24: 13410-13417.

[108] Yang X Y, Hao Z Q, Shen M, et al. Simultaneous determination of La, Ce, Pr, and Nd elements in aqueous solution using surface-enhanced laser-induced breakdown spectroscopy [J]. Talanta, 2017, 163: 127-131.

[109] Bae D, Nam S H, Han S H, et al. Spreading a water droplet on the laser-patterned silicon wafer substrate for surface - enhanced laser - induced breakdown spectroscopy [J]. Spectrochimica Acta Part B: Atomic Spectroscopy, 2015, 113: 70-78.

[110] Niu S, Zheng L J, Khan A Q, et al. Laser-induced breakdown spectroscopic detection of trace level heavy metal in solutions on a laser- pretreated metallic target[J]. Talanta, 2018, 179: 312-317.

[111] Ma S X, Tang Y, Ma Y Y, et al. Determination of trace heavy metal elements in aqueous solution using surface-enhanced laser-induced breakdown spectroscopy[J]. Optics Express, 2019, 27: 15091-15099.

[112] Gaubeur I, Aguirre M A, Kovachev N, et al. Speciation of chromium by dispersive liquid-liquid microextraction followed by laser-induced breakdown spectrometry detection(DLLME-LIBS) [J]. Journal of Analytical Atomic Spectrometry, 2015, 30: 2541-2547.

[113] Jesus A M D D, Aguirre M A, Hidalgo M, et al. The determination of V and Mo by dispersive liquid-liquid microextraction(DLLME) combined with laser-induced breakdown spectroscopy (LIBS)[J]. Journal of Analytical Atomic Spectrometry, 2014, 29: 1813-1818.

[114] Aguirre M A, Selva E J, Hidalgo M, et al. Dispersive liquid-liquid microextraction for metals enrichment: a useful strategy for improving sensitivity of laser-induced breakdown spectroscopy in liquid samples analysis[J]. Talanta, 2015, 131: 348-353.

[115] Wang X, Shi L L, Lin Q Y, et al. Simultaneous and sensitive analysis of Ag(Ⅰ), Mn(Ⅱ), and Cr(Ⅲ) in aqueous solution by LIBS combined with dispersive solid phase micro-extraction using nano-graphite as an adsorbent[J]. Journal of Analytical Atomic Spectrometry, 2014, 29: 1098-1104.

[116] Sobral H, Sangines R, Trujillo-Vazquez A. Detection of trace elements in ice and water by laser-induced breakdown spectroscopy[J]. Spectrochimica Acta Part B: Atomic Spectroscopy, 2012, 78: 62-66.

[117] Al-Adel F F, Dastageer M A, Gasmi K, et al. Optimization of a laser induced breakdown spectroscopy method for the analysis of liquid samples[J]. Journal of Applied spcctroscopy, 2013, 80: 767-770.

[118] Matsumoto A, Tamura A, Koda R, et al. On-site quantitative elemental analysis of metal ions in aqueous solutions by underwater laser-induced breakdown spectroscopy combined with electrodeposition under controlled potential[J]. Analytical Chemistry, 2015, 87: 1655-1661.

[119] Wang X, Wei Y, Lin Q Y, et al. Simple, fast matrix conversion and membrane separation method for ultrasensitive metal detection in aqueous samples by laser–induced breakdown spectroscopy[J]. Analytical Chemistry, 2015, 87: 5577–5583.

[120] Ripoll L,Hidalgo M. Electrospray deposition followed by laser–induced breakdown spectroscopy (ESD–LIBS): a new method for trace elemental analysis of aqueous samples[J]. Journal of Analytical Atomic Spectrometry, 2019, 34: 2016–2026.

[121] Zheng P C, Liu H D, Wang J M, et al. Online mercury determination by laser–induced breakdown spectroscopy with the assistance of scathode glow discharge [J]. Journal of Analytical Atomic Spectrometry, 2015, 30: 867–874.

[122] Aras N, Yegiller S U, Ates D A, et al. Ultrasonic nebulization–sample introduction system for quantitative analysis of liquid samples by laser–induced breakdown spectroscopy[J]. Spectrochimica Acta Part B: Atomic Spectroscopy, 2012, 74–75: 87–92.

[123] Sheng P P, Jiang L L, Sui M D, et al. Micro–hole array sprayer–assisted laser–induced breakdown spectroscopy technology and its application in the field of sea water analysis[J]. Spectrochimica Acta Part B: Atomic Spectroscopy, 2019, 154: 1–9.

[124] Jarvinen S T, Saarela J, Toivonen J. Detection of zinc and lead in water using evaporative preconcentration and single–particle laser–induced breakdown spectroscopy[J]. Spectrochimica Acta Part B: Atomic Spectroscopy, 2013, 86: 55–59.

[125] Jarvinen S T, Saari S, Keskinen J, et al. Detection of Ni, Pb and Zn in water using electrodynamic single–particle levitation and laser–induced breakdown spectroscopy[J]. Spectrochimica Acta Part B: Atomic Spectroscopy, 2014, 99: 9–14.

[126] Unal S, Yalgin S. Development of a continuous flow hydride generation laser induced breakdown spectroscopic system: determination of tin in aqueous environments[J]. Spectrochimica Acta Part B: Atomic Spectroscopy, 2010, 65: 750–757.

[127] Yegiller S U, Yalgin S. Optimization of chemical and instrumental parameters in hydride generation laser–induced breakdown spectrometry for the determination of arsenic, antimony, lead and germanium in aqueous samples[J]. Analytica Chimica Acta, 2013, 770: 7–17.

[128] Barreda F A, Trichard F, Barbier S, et al. Fast quantitative determination of platinum in liquid samples by lacer–induced breakdown spectroscopy[J]. Analytical and Bioanalytical Chemistry, 2012, 403: 2601–2610.

[129] Wang Z Z, Yan J J, Liu J P, et al. Sensitive cesium measurement in liquid sample using low–pressure laser–induced breakdown spectroscopy[J]. Spectrochimica Acta Part B: Atomic Spectroscopy, 2015, 114: 74–80.

[130] Ruas A, Matsumoto A, Ohba H, et al. Application of laser–induced breakdown spectroscopy to zirconium in aqueous solution[J]. Spectrochimica Acta Part B: Atomic Spectroscopy,

2017, 131: 99106.

[131] Zhang D C, Hu Z Q, Su Y B, et al. Simple method for liquid analysis by laser-induced breakdown spectroecopy(LIBS)[J]. Optics Express, 2018, 26: 18794-18802.

[132] Schlenke J, Hildebrand L, Moros J, et al. Adaptive approach for variable noise suppression on laser-induced breakdown spectroscopy responses using stationary wavelet transform[J]. Analytica Chimica Acta, 2012, 754: 8-19.

[133] Zhang B, Sun L X, Yu H B, et al. Wavelet denoising method for laser-induced breakdown spectroscopy[J]. Journal of Analytical Atomic Spectrometry, 2013, 28: 1884-1893.

[134] Huang L, Yao M Y, Xu Y, et al. Determination of Cr in water solution by laser-induced breakdown spectroscopy with different univariate calibration models[J]. Applied Physics B Lasers and Optics, 2013, 111: 45-51.

[135] Wang C L, Liu J G, Zhao N J, et al. Comparative analysis of quantitative method on heavy metal detection in water with laser induced breakdown spectroscopy[J]. Acta Physica Sinica, 2013, 62: 125201.

[136] Afgan M S, Sheta S, Hou Z Y, et al. Understanding the lacer-induced aerosol ablation of sub-micron liquid particles via size-resolved spectral and image analyses[J]. Journal of Analytical Atomic Spectrometry, 2019, 34: 2385-2393.

[137] Fortes F J, Laserna J J. Characteristics of solid aerosols produced by optical catapulting studied by laser-induced breakdown spectroscopy[J]. Applied Surface Science, 2010, 256: 5924-5928.

[138] Diwakar P K, Loper K H, Matiaske A M, et al. Laser-induced breakdown spectroscopy for analysis of micro and nanoparticles[J]. Journal of Analytical Atomic Spectrometry, 2012, 27: 1110-1119.

[139] Dutouquet C, Gallou G, Le Bihan O, et al. Monitoring of heavy metal particle emission in the exhaust duct of a foundry using LIBS[J]. Talanta, 2014, 127: 75-81.

[140] Strauss N, Fricke-Begemann C, Noll R. Size-resolved analysis of fine and ultrafine particulate matter by laser-induced breakdown spectroscopy [J]. Journal of Analytical Atomic Spectrometry, 2010, 25: 867-874.

[141] Palasti D J, Metzinger A, Ajtai T, et al. Qualitative discrimination of coal aerosols by using the statistical evaluation of laser-induced breakdown spectroscopy data[J]. Spectrochimica Acta Part B: Atomic Spectroscopy, 2019, 153: 3441.

[142] Diwakar P, Kulkarni P, Birch M E. New approach for near-real-time measurement of elemental composition of aerosol using laser-induced breakdown spectroscopy[J]. Aerosol Science and Technology, 2012, 46: 316-332.

[143] Dutouquet C, Wattieaux G, Meyer L, et al. Determination of the elemental composition of mi-

crometric and submicrometric particles levitating in a low pressure radio-frequency plasma discharge using laser-induced breakdown spectroscopy[J]. Spectrochimica Acta Part B: Atomic Spectroscopy, 2013, 83-84: 14-20.

[144] Fortes F J, Fernandez-Bravo A, Lasema J J. Chemical characterization of single micro-and nano-particles by optical catapulting-optical trapping-laser-induced breakdown spectroscopy [J]. Spectrochimica Acta Part B: Atomic Spectroscopy, 2014, 100: 78-85.

[145] Xiong G, Li S Q, Zhang Y Y, et al. Phase-selective laser-induced breakdown spectroscopy of metal-oxide nanoparticle aerosols with secondary resonant excitation during flame synthesis [J]. Journal of Analytical Atomic Spectrometry, 2016, 31: 482491.

[146] Diwakar P K, Kulkarni P. Measurement of elemental concentration of aerosols using spark emission spectroscopy[J]. Journal of Analytical Atomic Spectrometry, 2012, 27: 1101-1109.

[147] Dikshit V, Yueh F Y, Singh J P, et al. Laser induced breakdown spectroscopy: a potential tool for atmospheric carbon dioxide measurement[J]. Spectrochimica Acta Part B: Atomic Spectroscopy, 2012, 68: 65-70.

[148] Eseller K B, Yueh F Y, Singh J P, et al. Helium detection in gas mixtures by laser-induced breakdown spectroscopy[J]. Applied Optics, 2012, 51: B171-B175.

[149] Yin H L, Hou Z Y, Yuan T B, et al. Application of spatial confinement for gas analysis using laser-induced breakdown spectroscopy to improve signal stability[J]. Journal of Analytical Atomic Spectrometry, 2015, 30: 922-928.

[150] Qu Y F, Zhang Q H, Yin W Y, et al. Real-time in situ detection of the local air pollution with laser-induced breakdown spectroscopy[J]. Optics Express, 2019, 27: A790-A799.

[151] Awan M A, Ahmed S H, Aclam M R, et al. Determination of heavy metals in ambient air particulate matter using laser-induced breakdown spectroscopy[J]. Arabian Journal for Science Engineering, 2013, 38: 1655-1661.

[152] Kwak J H, Kim G, Kim Y J, et al. Determination of heavy metal distribution in PM_{10} during Asian dust and local pollution events using laser induced breakdown spectroscopy(LIBS)[J]. Aerosol Science and Technology, 2012, 46: 1079-1089.

2 LIBS 技术在土壤重金属元素定量分析中的应用

2.1 引言

由于对植物、动物和人类的不利影响，社会普遍关注土壤中的重金属污染问题。重金属可以在环境中积累，可通过食物、水、大气等途径进入人体，长此以往，就会对身体产生严重的危害。因此，土壤中重金属污染的监测及治理对于土壤污染的控制策略是非常重要的。常用的土壤中重金属元素检测手段有 ICP-OES、ICP-MS 以及 AAS 等。但是这些方法往往需要一系列的样品制备步骤，阻碍了其在原位快速分析中的应用。LIBS 作为一种原子发射光谱技术可用于土壤中各种重金属元素的快速检测。LIBS 技术可通过对不同类型土壤进行多元素分析，为土壤污染监测与防治提供一种破坏性较小、环保无污染的快速分析方法。

然而，由于土壤中存在复杂的基质，使 LIBS 对土壤中重金属的准确定量受到阻碍。最近几年，化学计量学方法如 PLS、SVM、RF 和 ANN 等均为 LIBS 技术的准确定量和定性分析提供一种有效工具。其中，RF 作为一种非线性多元校正方法，因其泛化性能好而得到了广泛的认可。然而分析样品复杂性，通过 LIBS 获得的每条光谱通常包含成千上万个变量，其中除了样品信息外还包括噪声信息和冗余信息。如果将所有光谱数据用于分析，则很容易产生“维度灾难”问题，这将严重影响 RF 模型的预测能力和计算效率。因此，选择合适的输入变量对于建立准确、高效的定量模型是非常有帮助的。

本章探究基于 LIBS 技术结合 RF 和变量选择策略用于土壤中重金属检测的可行性。首先探究 RF 校正模型预测性能受三种预处理方法的影响，其次分别建立基于全谱、特征波段、后向区间和变量重要性的 RF 模型以实现土壤中 Cu、Cr、Pb 和 Ni 四种金属元素的快速测定。

2.2 材料和方法

2.2.1 土壤样品制备

本章使用的22个土壤标准样本(粉末)均购自济南××科技有限公司。表2-1给出了标样中Cu、Cr、Pb和Ni四种元素含量的参考值。为了便于LIBS测试，首先对土壤样品进行烘干和粉碎处理，然后使用球磨机研磨土壤样品并过200目筛。使用压片机在40MPa压力下保持5min，压制成ϕ20mm×3mm的薄片用于土壤样本的LIBS光谱采集。

表2-1 土壤标样中Cu、Cr、Pb和Ni元素含量参考值 μg/g

编号	国标编号	Cu	Cr	Pb	Ni
1	GBW07104	55.00	32.00	11.30	17.00
2	GBW07403	11.40	32.00	26.00	12.00
3①	GBW07405	166.00	118.00	552.00	40.00
4	GBW07407	97.00	410.00	14.00	276.00
5	GBW07409	4.90	26.40	16.30	9.30
6①	GBW07418	23.00	93.00	28.00	41.00
7	GBW07422	16.00	54.00	20.00	22.00
8	GBW07425	21.40	59.00	24.70	25.40
9①	GBW07428	27.40	70.00	31.00	33.00
10	GBW07440	37.60	75.40	22.60	40.00
11	GBW07446	12.60	25.00	17.40	9.60
12①	GBW07448	16.00	49.00	18.70	21.00
13	GBW07449	28.00	43.00	13.40	20.00
14	GBW07452	32.00	82.00	28.00	38.00
15①	GBW07453	28.00	62.00	40.00	24.00
16	GBW07402	16.30	47.00	20.00	19.40
17	GBW07408	24.30	68.00	21.00	31.50

续表

编号	国标编号	Cu	Cr	Pb	Ni
18①	GBW07424	19.00	58.00	22.00	26.00
19	GBW07439	66.10	74.40	15.70	47.60
20	GBW07447	19.50	55.00	20.00	25.00
21①	GBW07451	18.30	57.00	26.00	26.00
22	GBW07455	19.10	61.00	21.00	26.00

①系指预测集样本。

2.2.2 光谱采集

本实验所用 LIBS 光谱仪为课题组自行搭建，如图 2-1 所示。激发光源选用 Q-switched Nd：YAG 激光器(Dawa 300，Beijing Beamtech，China)，脉冲宽度为 1ns，激发波长为 1064nm，使用频率为 5Hz，激光脉冲能量为 80mJ。将准备好的样品直接放在 X-Y-Z 手动可调平台上。激光通过透镜作用于土壤样品表面产生烧蚀坑的直径约为 0.2mm，此过程中产生的等离子体通过一个与激光束呈 45°角的石英准直透镜进行收集并通过一根光纤传输进光谱仪(AryelleButterfly，LTB200，Germany)进行信号转换。该装置配有 EMCCD 检测器(QImaging，UV enhanced，1004×1002pixels，USA)。所有光谱的收集都是在大气压下进行。分析过程中，使用最佳延迟时间为 3μs，门宽为 2ms。

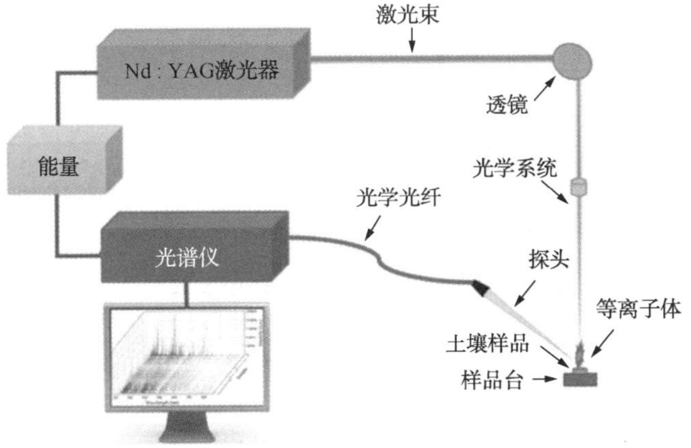

图 2-1 激光诱导击穿光谱实验装置示意图

在实验过程中，由于 LIBS 光谱的准确度和精度易受到样品不均匀性的影响，每个片随机选取 20 个不同的位置进行 LIBS 光谱采集。另外，为了提高光谱线信噪比，减少激光脉冲影响，通过累计叠加 20 次激光脉冲获得每条 LIBS 光谱。22 组土壤样品共计采集到 440 条 LIBS 光谱(每组土壤样品采集 20 条光谱)。采用 Kennard-Stone(KS)算法从 22 个样品中随机选取 15 个样品 LIBS 光谱数据作为校正集构建校正模型，另外 7 个样品 LIBS 光谱数据作为测试集用于验证模型预测性能。

2.2.3 后向区间随机森林

RF 是一种基于回归树的非线性数据处理算法，相较于传统的 PLS、SVM 算法，RF 的优点是：不易产生过拟合现象、准确率高、抗噪能力强，已被广泛应用于光谱数据的定性定量分析。BiRF 算法是一种基于 BiPLS 的变量选择方法，在该方法中，数据集被分割成一定数目的等长子区间，然后根据均方根误差(Root Mean Square Error，RMSE)每次剔除一个区间，循环直至剩余 1 个子区间。BiRF 算法中，首先采用 BiPLS 方法对数据进行变量筛选，然后将被选中的变量用于 RF 模型的构建。以决定系数(Coefficient of Determination，R^2)和 RMSE 为模型性能的评价指标，R^2和 RMSE 的计算公式分别如式(2-1)、式(2-2)所示。在模型性能优化时，主要评价指标为基于袋外误差估计的 RMSE；优化后的模型以预测集的 RMSE 作为评价指标。

$$R^2 = 1 - \frac{\sum_{i=1}^{n}(y_{i,\ \text{referenced}} - \hat{y}_{i,\ \text{predicted}})^2}{\sqrt{\sum_{i=1}^{n}(y_{i,\ \text{referenced}} - \bar{y}_{i,\ \text{referenced}})^2}} \tag{2-1}$$

$$\text{RMSE} = \sqrt{\frac{\sum_{i=1}^{n}(y_{i,\ \text{referenced}} - \hat{y}_{i,\ \text{predicted}})^2}{n}} \tag{2-2}$$

2.3 土壤重金属定量分析模型构建

2.3.1 土壤样品 LIBS 光谱分析

图 2-2 所示为 3#土壤样本的 LIBS 光谱图。从图 2-2 中可以看出，LIBS 光谱中包含 Cu、Cr、Pb 和 Ni 四种重金属元素的特征线，这说明基于 LIBS 光谱可以

实现土壤中元素含量的测定。然而，由于 LIBS 光谱中基质效应和自吸收效应的影响，特征线强度与元素含量之间的关系可能是非线性的。此外，由于四种元素在土壤样品中含量相对较低，所识别出的特征线强度较弱。因此，本章将 RF 算法结合 LIBS 技术用于土壤中 Cu、Cr、Pb 和 Ni 四种金属元素的定量分析。

2.3.2 预处理方法的选择与优化

不同的光谱预处理方法的选择对于构建一个可靠与稳健的 RF 模型是非常有必要的。因为合适的光谱预处理方法可以减少激光脉冲波动带来的差异，减少噪声以及基线漂移带来的影响。在本章中，三个不同的预处理方法[归一化(基于 LIBS 光谱强度最大值)、一阶导数和小波变换]应用于土壤 LIBS 光谱分析。不同预处理方法所对应的 RMSE 值如图 2-3 所示。从图 2-3 中可以看出，对于 Cu 和 Ni 元素，归一化对应最优的 RMSE 值；而对于 Cr 和 Pb 元素，最优的 RMSE 值则由基于小波变换的预处理方法获得。

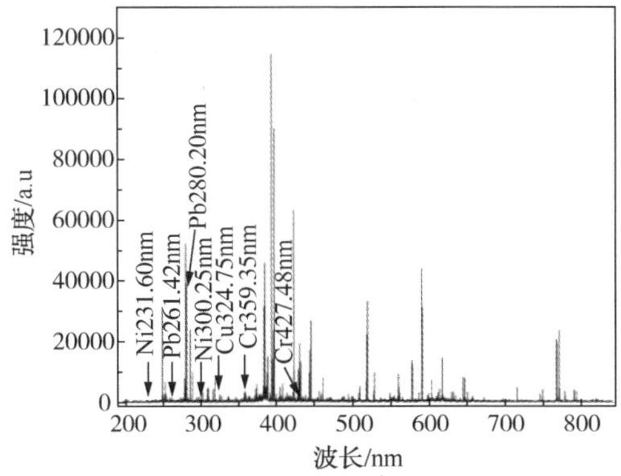

图 2-2 3#土壤样本的 LIBS 光谱

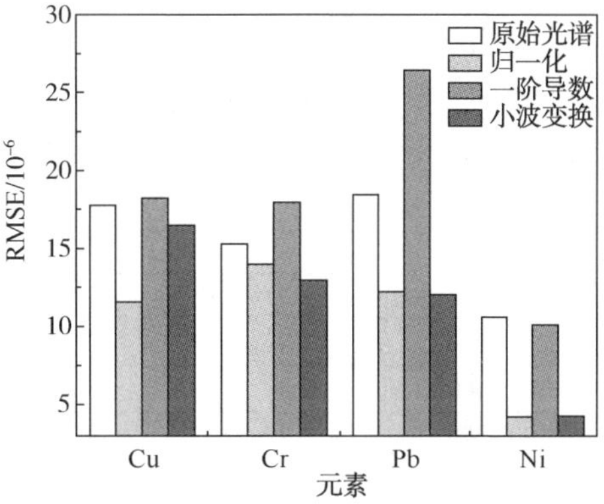

图 2-3 基于不同预处理方法的 RF 校正模型预测性能(RMSE)

2.3.3 RF 校正模型

在最优预处理方法的基础上，首先构建基于全谱的 RF 定量模型用于土壤中重金属元素的检测，所获得的结果如表 2-2 所示。从表 2-2 中可以看出，四种元素中只有 Ni 元素的结果稍好一些，其他三种元素的结果都较差。导致这种结果的原因可能是由于全光谱包含太多的冗余信息从而影响了分析结果的准确性。因此，接下来通过对输入变量进行进一步筛选以提高模型的定量分析性能。

表 2-2 基于全谱的 RF 模型所对应的预测性能

元素	RMSE/(μg/g)	R^2
Cu	11.5714	0.7265
Cr	13.0073	0.7715
Pb	12.0492	0.5398
Ni	4.2406	0.8633

2.3.4 BRF 校正模型

在 LIBS 光谱中，庞大的数据量对于构建一个稳健的模型是一个巨大的挑战。因此，通过波段选择选出合适的输入变量是非常重要的。光谱波段选择不仅能够消除异常值对模型的影响，而且能够减少分析时间的消耗。本章在 200~800nm 光谱区域内对输入波段进行优化，不同波段所对应的 RMSE 值如表 2-3 所示。从表 2-3 中可以看出，对于 Cu 元素，所有波段对应的 RMSE 值都在 10~19μg/g 之间，其中波段 300~500nm 对应较小的 RMSE 值；综合考虑模型的建模时间以及预测准确性，对于 Cr、Pb 和 Ni 元素，选择的特征波段分别为 500~700nm、300~800nm 和 300~500nm。

表 2-3 基于不同输入变量的 RF 模型预测性能(RMSE) μg/g

波段/nm	Cu	Cr	Pb	Ni
200~300	18.8620	11.2878	22.0167	12.5790
200~400	14.7139	9.0323	11.7918	8.3333
200~500	12.7395	14.4560	16.0755	5.1844
200~600	11.5660	11.7739	16.0023	5.0975
200~700	11.2775	12.0905	14.9694	2.2904
200~800	11.6736	11.4598	12.8021	3.5617
300~400	12.1782	9.4992	10.8876	5.2867
300~500	10.9096	15.0290	15.3714	2.4365
300~600	10.9220	11.3763	22.7985	4.4934
300~700	12.6283	13.9283	15.5031	5.0342
300~800	11.0236	12.6423	10.5699	5.0050
400~500	12.2935	18.1317	24.9672	8.8992
400~600	13.1213	17.2110	19.4814	8.8297
400~700	14.1663	13.4239	15.7562	9.4282
400~800	13.6508	13.4538	14.9942	10.3341

续表

波段/nm	Cu	Cr	Pb	Ni
500~600	11.4098	7.8610	18.3256	11.4064
500~700	14.0473	6.3637	11.1092	14.6433
500~800	14.8150	10.1291	12.2602	13.8863
600~700	13.0441	18.3451	16.3433	19.4949
600~800	13.9792	12.3926	12.4516	17.1658
700~800	15.2158	30.3800	14.5701	9.4116
全谱	11.5714	13.0073	12.0492	4.2406

基于最优输入波段构建 RF 模型分别用于土壤中四种金属元素的定量分析。结果如表 2-4 所示。从表 2-4 中可以看出，四种元素中只有 Ni 元素获得了较好的结果，最优的 RMSE 和 R^2 分别为 2.4365μg/g 和 0.9558。其他三种元素，RF 模型获得的结果都较差，特别是 R^2 值，都在 0.75 以下，说明预测值和参考值之间相关性较差。导致以上结果的原因可能是所选取的波段相比全光谱变量个数有明显的减少，但是其中仍然可能包含大量的干扰信息。需进一步对输入变量进行优化以提高分析结果的预测准确性(图 2-4、表 2-5)。

表 2-4 BRF 校正模型获得的预测性能

元素	RMSE/(μg/g)	R^2	元素	RMSE/(μg/g)	R^2
Cu	10.9096	0.6853	Pb	10.5699	0.4561
Cr	6.3637	0.7021	Ni	2.4365	0.9558

基于同样的方法对 Cu、Cr 和 Pb 元素的光谱区间进行选择。最终，对于 Cu 元素，最优子区间个数为 30，选出的最优区间为 5、25 和 26，变量个数为 4339；对于 Cr 元素，最优子区间个数为 20，选出的最优区间为 13、14 和 15，变量个数为 6510；对于 Pb 元素，最优子区间个数为 30，选出的最优区间为 4 和 26，变量个数为 2893。

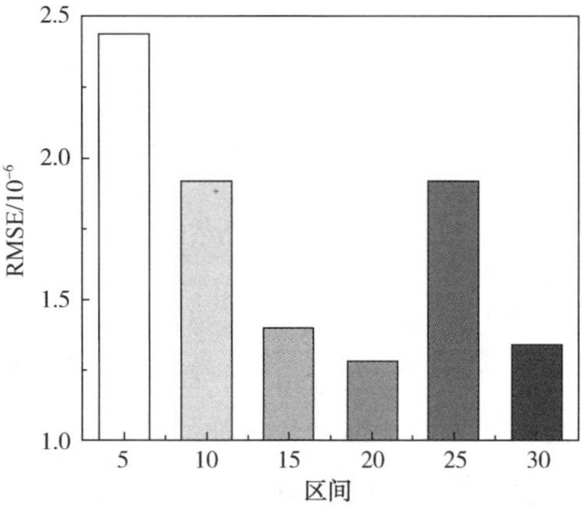

图 2-4 不同子区间数对应的预测性能

表 2-5　子区间 20 所对应预测性能

区间编号	被去除区间	RMSE/(μg/g)	剩余变量个数	区间编号	被去除区间	RMSE/(μg/g)	剩余变量个数
1	19	4.2406	43399	11	7	1.5704	21700
2	9	3.5367	41229	12	2	2.3208	19530
3	20	2.4332	39059	13	14	1.9222	17360
4	1	3.2649	36890	14	10	1.6851	15190
5	18	2.1888	34720	15	3	2.0466	13020
6	12	1.4533	32550	16	5	1.7862	10850
7	4	1.2890	30380	17	15	3.1739	8680
8	16	1.8415	28210	18	6	2.9332	6510
9	13	1.9536	26040	19	17	4.6794	4340
10	11	1.2851	23870	20	8	9.7311	2170

基于选出的光谱区间分别构建用于 Cu、Cr、Pb 和 Ni 四种元素测定的 RF 定量模型，所获得的定量结果如表 2-6 所示。从表 2-6 中可以看出，四种元素都获得了较好的结果，其中 Pb 和 Ni 元素的 RMSE 都在 2μg/g 以下。但是，另外两种元素 Cu 和 Cr 的 RMSE 值较差。此外，对于 Cu 和 Ni 元素，R^2都在 0.95 以上，Cr 元素 R^2也在 0.85 以上，但是 Pb 元素 R^2较差，为 0.7012。这些结果说明基于 BiRF 的变量选择方法对于提高定量模型预测性能是有帮助的。

表 2-6　BiRF 校正模型的预测性能

元素	RMSE/(μg/g)	R^2
Cu	8.0221	0.9610
Cr	6.0120	0.8985
Pb	1.7382	0.7012
Ni	1.2851	0.9854

2.3.5　VIRF 校正模型

BRF 和 BiRF 方法可以有效减少变量个数，但所选输入变量为光谱区间，其中仍包含一定的冗余信息，此外，相邻变量间的相关性仍然较大，故本节基于随机森林变量重要性进行特征的筛选。即计算全部 43399 个变量的重要性，并基于变量重要性阈值对变量进行滤除。对于本章所研究的四种元素，不同阈值所对应的变量个数和 RMSE 值如表 2-7 所示。从表 2-7 中可以看出，对于 Cu 元素，当变量重要性阈值为0时，对应最优的RMSE值。此时，所有变量重要性等于0的变量被滤除，剩余变量个数为1751，相比全谱(43399)明显减少。而对于Cr和Pb元素，最优的RMSE分别由阈值为0.5和0.4时获得。但是，获得的最优RMSE值都高于全谱模型的，说明基于变量重要性的特征选择方法对于提高模型预测性能是没有帮助的。对于Ni元素，变量重要性阈值为1时获得了最优的RMSE值，最优的RMSE值为3.3734μg/g，此时剩余变量个数为682。

表2-7 不同变量重要性阈值对应的变量个数和预测性能

阈值	Cu		Cr		Pb		Ni	
	变量个数	RMSE/(μg/g)	变量个数	RMSE/(μg/g)	变量个数	RMSE/(μg/g)	变量个数	RMSE/(μg/g)
全谱	43399	11.5714	43399	13.0073	43399	12.0492	43399	4.2406
0	1751	11.0854	1755	21.7669	1697	15.2343	1689	3.3884
0.1	1519	12.2095	1698	17.1047	1147	21.9973	1241	3.7341
0.2	1297	11.6076	1598	20.6197	941	18.4671	1111	4.8392
0.3	1168	12.4575	1548	16.9126	840	16.4604	1042	3.8632
0.4	1115	12.1853	1497	19.2670	770	13.8608	937	4.8906
0.5	1080	11.9710	1458	14.2235	731	17.0479	843	5.0085
1	922	11.8171	1294	18.2535	585	17.7893	682	3.3734
1.5	788	12.2621	1176	17.2143	454	18.2904	659	3.8590
2	694	13.0733	1078	14.7775	391	19.1836	614	3.9303
2.5	607	11.5817	1001	22.4164	355	21.4814	537	4.2985
3	551	11.9165	937	16.8774	342	18.4407	465	3.7472
3.5	519	11.8232	888	16.2707	335	20.4941	410	3.8406
4	498	12.2479	850	16.1217	332	17.6577	387	5.2061
4.5	488	11.4050	813	19.2441	332	17.6577	371	3.7711
5	470	12.2025	788	15.9001	331	17.0225	366	3.6987

基于选出的变量分别构建用于Cu、Cr、Pb和Ni四种元素测定的VIRF定量模型，结果如表2-8所示。从表2-8中可以看出，Ni元素获得了较好的结果，最优的RMSE和R^2分别为3.3734μg/g和0.9090。对于Cu元素，结果相对全谱

有一定提升，但是仍较差，特别是 R^2，为 0.7403，说明其相关性较差。对于 Cr 和 Pb 元素，结果相对全谱模型并没有明显改善，反而略差。

表 2-8　VIRF 校正模型获得的预测性能

元素	RMSE/(μg/g)	R^2
Cu	11.0854	0.7403
Cr	14.2235	0.7353
Pb	13.8608	0.5635
Ni	3.3734	0.9090

2.3.6　不同 RF 校正模型的预测性能对比

为了获得高性能的土壤重金属定量模型，图 2-5 展示了基于不同输入变量的 RF 校正模型的定量结果。从图 2-5 中可以看出，对于四种元素，最优的结果都由基于 BiRF 的定量模型获得。对于 Cu 元素，最优 RMSE 和 R^2 分别为 8.0221μg/g 和 0.9610；对于 Cr 元素，最优 RMSE 和 R^2 分别为 6.0120μg/g 和 0.8985；对于 Pb 元素，最优 RMSE 和 R^2 分别为 1.7382μg/g 和 0.7021；对于 Ni 元素，最优 RMSE 和 R^2 分别为 1.2851μg/g 和 0.9854。以上结果说明对于土壤中 Ni 元素的测定，BiRF 模型可获得了较好的结果；而对于 Cu 和 Cr 元素，RMSE 值略高；对于 Pb 元素，则 R^2 值稍低。此外，发现对于 Cu 和 Ni 元素，基于输入变量优化的 RF 模型获得的 RMSE 值都优于全谱模型的，而对于 Cr 和 Pb 元素，除了 VIRF 模型外，其他两种模型获得的结果也优于全谱模型。这说明选择合适的输入变量对于构建高性能定量模型是非常有帮助的。

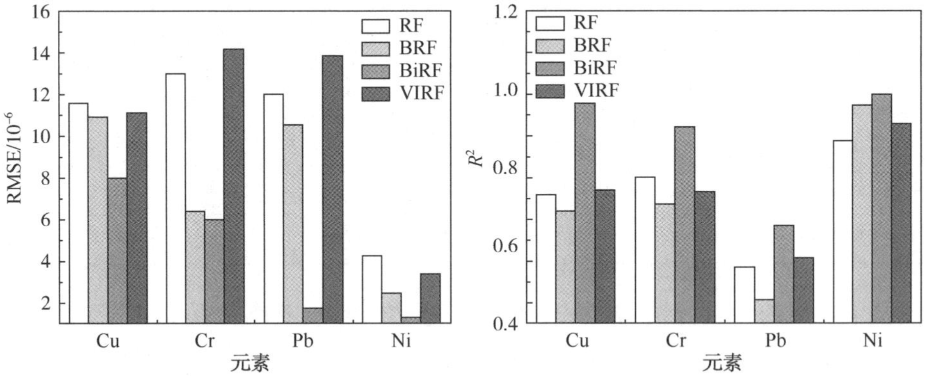

图 2-5　不同 RF 校正模型获得的预测性能

2.4 本章小结

本章建立基于 LIBS 结合 BiRF 的土壤重金属元素检测方法，实现了 Cu、Cr、Pb 和 Ni 四种金属元素的快速测定。首先探究三种预处理方法对 RF 校正模型预测性能的影响，其次分别建立基于全谱、特征波段、后向区间和变量重要性的 RF 模型以实现土壤中 Cu、Cr、Pb 和 Ni 四种金属元素的快速测定。结果表明，土壤中四种金属元素测定的最优校正模型都为 BiRF 模型，四种元素 Cu、Cr、Pb 和 Ni 的最优 RMSE 分别为 8.0221μg/g、6.0120μg/g、1.7382μg/g 和 1.2851μg/g，最优 R^2 分别为 0.9610、0.8985、0.7021 和 0.9854。以上结果说明 LIBS 技术结合 BiRF 算法是一种土壤中重金属检测的可行方法。

参 考 文 献

[1] Nguyen V, Yasuhito O, Tatsuro A, et al. Chemical speciation and bioavailability concentration of arsenic and heavy metals in sediment and soil cores in estuarine ecosystem, Vietnam[J]. Microchemical Journal, 2018, 139: 268-277.

[2] Duane M, Facchetti S, Pigozzi G. Site characterization of polluted soils and comparison of screening techniques for heavy metals by mobile ICP-MS, GFAAS ICP-AES(fixed laboratory) and EDXRF(fixed laboratory)[J]. Science of the Total Environment, 1996, 177(1-3): 195-214.

[3] Mehdi A, Sahand J, Amaneh A, et al. Zoning of heavy metal concentrations including Cd, Pb and As in agricultural soils of Aghili plain, Khuzestan province, Iran[J]. Data in Brief, 2017, 14: 20-27.

[4] Ran J, Wang D, Wang C, et al. Comparison of soil heavy metals determined by AAS/AFS and portable X-ray fluorescence analysis[J]. Spectroscopy and Spectral Analysis, 2014, 34(11): 3113-3118.

[5] Li H, Wang H, Huang Y, et al. Plasma characteristics and quantitative analysis of Pb and Ni in soil based on LIBS technology[J]. Optoelectronics Letters, 2020, 16(2): 143-148.

[6] Ding Y, Xia G, Ji H, et al. Accurate quantitative determination of heavy metals in oily soil bylaser induced breakdown spectroscopy(LIBS) combined with interval partial least squares(IPLS)[J]. Analytical Methods, 2019, 11(29): 3657-3664.

[7] 李茂刚，闫春华，薛佳，等．近红外光谱结合小波变换-随机森林法快速定量分析甲醇汽油中甲醇含量[J]. 分析化学，2019，47(12)：1995-2003.

[8] Kim G, Kwak J, Kim K, et al. Rapid detection of soils contaminated with heavy metals and oils

by laser induced breakdown spectroscopy (LIBS) [J]. Journal of Hazardous Materials, 2013, 263: 754-760.

[9] Liu K, Tian D, Wang H, et al. Rapid classification of plastics by laser-induced breakdown spectroscopy (LIBS) coupled with partial least squares discrimination analysis based on variable importance (VI-PLS-DA) [J]. Analytical Methods, 2019, 11(9): 1174-1179.

[10] Qi J, Zhang T, Tang H, et al. Rapid classification of archaeological ceramics via laser-induced breakdown spectroscopy coupled with random forest [J]. Spectrochimica Acta Part B: Atomic Spectroscopy, 2018, 149: 288-293.

[11] 雍凯. 随机森林的特征选择和模型优化算法研究[D]. 哈尔滨: 哈尔滨工业大学, 2008.

[12] Liu K, Tian D, Xu H, et al. Quantitative analysis of toxic elements in polypropylene (PP) via laser-induced breakdown spectroscopy (LIBS) coupled with random forest regression based On variable importance (Vi-rfr) [J]. Analytical Methods, 2019, 11(37): 4769-4774.

3 LIBS 技术在土壤营养元素定量分析中的应用

3.1 引言

土壤是农作物生长的基础，在整个生态系统中发挥着重要作用。而土壤中营养元素，包括大量营养素和微量营养素，是维护地表生态系统的基本资源。同时，营养元素的含量可以反映土壤的肥力，被认为是评价作物产量的重要指标。快速、准确地获取土壤营养元素含量对农业生产尤为重要。目前，检测土壤中营养元素的主要手段为化学分析方法，如 AAS、ICP-OES 以及 ICP-MS。但是，这些传统的化学检测方法非常耗时且复杂，不能满足快速实时检测的需求。

本章基于 LIBS 技术结合 RF 算法成功地构建了土壤中 N、K、Ca 和 Mg 四种营养元素快速定量分析模型。首先，基于 NIST 数据库对土壤样品的 LIBS 光谱进行特征峰标注，并对四种元素所属的特征波段进行提取。其次，基于土壤样品的 LIBS 全谱以及特征波段分别构建了初始 RF 校正模型，并探讨了五种光谱预处理方法对 LIBS 光谱数据的预处理效果，采用五折交叉验证对预处理方法及模型的参数进行优化。最终，基于优化后的模型参数及输入变量分别构建了用于土壤中 N、K、Ca 和 Mg 四种营养元素快速定量分析的 RF 模型。

3.2 材料和方法

3.2.1 土壤样品准备

本章使用的 21 个土壤标准样本(粉末)均购自济南××科技有限公司(表 3-1)。土壤样本在进行 LIBS 光谱数据采集前，使用与第 2 章 2.2.1 部分相同的样本预处理方法进行压片制样。

表 3-1　土壤标样中 N、K、Ca 和 Mg 元素含量参考值　μg/g

编号	国标编号	N	K	Ca	Mg
1	GBW07403	640	30400	12700	5800
2	GBW07405	610	15000	950	6100
3	GBW07407	660	2000	1600	2600
4	GBW07408	370	24200	82700	23800
5	GBW07418	350	25600	9000	16200
6	GBW07422	210	21800	54200	16800
7	GBW07424	1260	26500	26200	13000
8	GBW07425	950	27000	13300	12000
9	GBW07439	460	29500	99200	23700
10	GBW07440	850	28600	78700	33100
11	GBW07446	106	25600	18300	7800
12	GBW07448	1030	22900	47500	16900
13	GBW07451	438	29700	10900	14700
14	GBW07453	617	24800	3400	11600
15	GBW07402	630	25400	23600	10400
16	GBW07409	520	33700	13500	4900
17	GBW07428	810	24600	24500	19000
18	GBW07447	273	21100	6800	25800
19	GBW07449	580	19900	64800	28000
20	GBW07452	600	26400	42100	26100
21	GBW07455	878	21800	45900	18700

3.2.2　光谱采集

表 3-1 给出了标样中 N、K、Ca 和 Mg 四种元素含量的参考值。本章所用实验装置与第 2 章一致。在实验过程中，每个片随机选取 20 个不同的位置进行 LIBS 光谱采集，每个测量光谱通过叠加 20 次激光脉冲获得。最终，21 个土壤样品共获得 420 个分析光谱(每个样品 20 条分析光谱)。样品光谱数据建模分析过程中，从 21 个样品中随机选取 14 个样品(1~14)作为校正集构建校正模型，其余 7 个样品(15~21)作为测试集用于验证模型预测性能。

3.3 土壤营养元素定量分析模型构建

3.3.1 土壤样品 LIBS 光谱

图 3-1 所示为 3#样品的 LIBS 光谱图。从图 3-1 中可以看出，采用 LIBS 技术对土壤样品进行光谱采集，获得的 LIBS 光谱图中包含了所要检测的四种营养元素(N、K、Ca 及 Mg)的特征峰，但是其中也存在着很多的冗余信息。表 3-2 所列为上述四种元素标准物质 NIST 数据库中所提供的 LIBS 标准特征峰的位置。本节基于此数据库中提供的信息，结合实验获得的土壤样品 LIBS 光谱数据，对 N、K、Ca 及 Mg 四种元素的 LIBS 特征峰进行标记，具体如图 3-1 所示。从图 3-1中可以看出，本实验仪器能检测出的 N 元素的特征峰主要为 744.23nm、746.84nm；本实验仪器能检测出的 K 元素的特征峰主要为 404.72nm、766.49nm；本实验仪器能检测出的 Ca 元素的特征峰主要为 272.16nm、422.67nm、445.47nm、558.87nm、616.21nm 和 646.25nm；本实验仪器能检测出的 Mg 元素的特征峰主要为 277.98nm、285.21nm、383.23nm、516.73nm 和 517.27nm。然而，LIBS 光谱仪采集到的样品光谱数据会受到激光信号的变化产生较大的波动，如果按照传统色谱等仪器的分析方法，采用单变量校正方法构建分析模型，则会对分析结果产生较大的干扰。因此，近年来关于 LIBS 数据的分析多采用多变量校正方法，如偏最小二乘、支持向量机等。故而选择随机森林法用于本章中土壤样品 LIBS 光谱数据的建模分析。

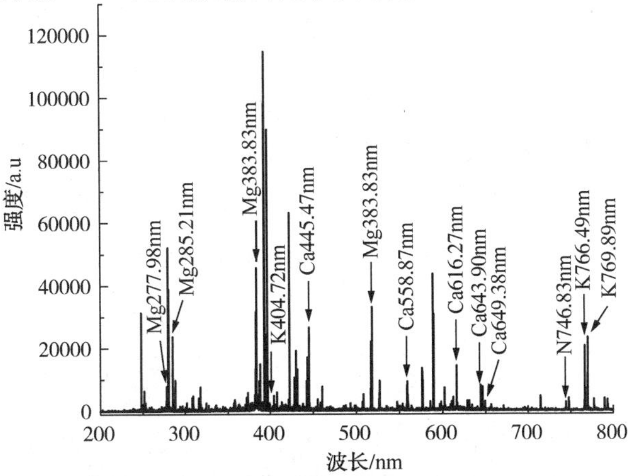

图 3-1　3#土壤样品的 LIBS 光谱图

表 3-2　NIST 数据库中 N、K、Ca 及 Mg 四种元素的 LIBS 特征峰　　nm

元素	特征峰
N	119.95、120.02、120.07、124.32、149.26、174.27、744.23、746.83
K	404.41、404.72、766.49、769.89
Ca	272.16、422.67、442.54、443.49、445.47、445.58、445.66、558.87、610.27、612.22、616.21、643.90、646.25、649.38、657.28
Mg	202.58、277.98、285.21、382.93、383.23、383.83、516.73、517.27、518.36

3.3.2　基于全谱的土壤营养元素快速定量分析方法研究

本小节基于实验部分获得的土壤样品 LIBS 光谱全谱数据进行了 RF 校正模型的构建，用于土壤中 N、K、Ca 及 Mg 四种营养元素快速定量分析的研究。下文将对四种元素基于 LIBS 技术结合 RF 算法的快速定量分析模型构建分别进行介绍。

以本小节实验部分获得 21 组土壤样品的 LIBS 光谱数据全谱为研究对象，并将其按照实验部分所划分的校正集进行 RF 模型的构建，并将所构建的 RF 模型用于预测集样本的预测。首先，将校正集和预测集分别赋予对应的 N 元素含量参考值。其次，以校正集光谱及校正集光谱对应的 N 元素含量值为输入构建初始 RF 校正模型。再次，选择五折交叉验证模型的预测性能。最后，将预测集的光谱数据导入到构建的 RF 校正模型中，对其对应的 N 元素含量进行估计，以此来对该模型的预测集预测性能进行评估。在 RF 模型内部验证中主要比较的是 R_{CV}^2 及 MRECV，在 RF 模型预测集预测性能比较时，主要比较的是 MREP。从图 3-1 中也可以看出，土壤样本中存在较严重的基线漂移等噪声信息，因此，为了减少这部分噪声信息对 N 元素定量分析的 RF 模型预测性能产生的负面影响，本小节探究了最大值归一化法、多元散射校正、一阶导数法、二阶导数法以及小波变换法原始土壤 LIBS 光谱的预处理效果，从而获得一种最适合于 N 元素定量分析的 RF 模型的预处理方法。

从表 3-3 可得，在采用归一化法作为预处理方法时，使用到的是以 LIBS 光谱的强度最大值为参考的最大值归一化法。以一阶导数进行 LIBS 光谱预处理时，对其平滑点数进行优化，优化范围为 1～25，最终，选择平滑点数为 3。以二阶导数进行 LIBS 光谱预处理时，对其平滑点数进行优化，优化范围为 1～25，最终，选择平滑点数为 11。以小波变换为光谱预处理方法时，优化了小波基函数和小波分解层数，小波基函数优化的范围为 db1-10 及 coif1-3，小波分解层数的优化范围为 1-13，最终选择的小波基函数为 db10，小波分解层数为 7。

表 3-3　不同光谱预处理方法的 RF 校正模型的预测性能对比

预处理方法	参数	R_{CV}^2	MRECV①
原始光谱	—	0.9519	0.3238
最大值归一化	—	0.9665	0.2679
多元散射校正	—	0.9733	0.2838
一阶导数	3	0.9791	0.2643
二阶导数	11	0.9805	0.2817
小波变换	db10-7	0.8985	0.2769

① 系指交叉验证平均相对误差[Mean Relative Error of Cross Validation(MRECV)]。

图 3-2 所示为不同预处理方法的 N 元素 RF 校正模型的预测性能对比。结合表 3-3 可以看出，和基于原始光谱作为输入变量构建的 RF 模型做对比，只有经小波变换预处理后的光谱作为输入变量所构建的 RF 模型的交叉验证结果变差，其余方法构建的 RF 模型交叉验证结果都有所提升。结合图 3-2 中所示，上述五种 RF 模型对于预测集样本中 N 元素的预测性能相较于基于原始光谱的 RF 模型而言，均有所提升，且以一阶导数法处理后的 RF 模型对于预测集 N 元素含量的预测结果最为准确，对比基于原始光谱的 RF 模型预测集平均相对误差(MeanRelative Error of Prediction set，MREP)的 0.322，其降低到 0.2677。因此，以全谱为输入变量的 N 元素定量分析 RF 模型选择以一阶导数法作为光谱预处理方法。其 R_{CV}^2为 0.9791，MRECV 为 0.2643，MREP 为 0.2677。

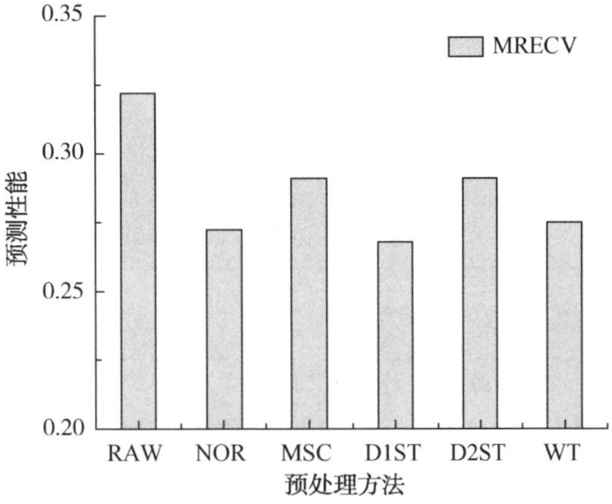

图 3-2　不同预处理方法的 N 元素 RF 校正模型的预测性能对比

基于相同的思路继续探究了一阶导数、归一化以及多元散射校正等光谱预处理方法对 K，Ca 及 Mg 三种元素 LIBS 全谱的 RF 模型预测性能的影响。从表 3-4 可以看出，对于采用多元散射校正、归一化及小波变换对 K 元素 LIBS 全谱预处理后的 RF 模型的预测性能相较于基于原始 LIBS 光谱的 RF 模型有所下降，而采用一阶导数和二阶导数处理后的光谱作为输入变量其对应的 RF 模型性能有所提升。且当二阶导数平滑点数为 19 时获得了最佳的预测性能，其 R_{CV}^2 从 0.9342 提升为 0.9644，其 MRECV 从 0.4177 降低为 0.3783。对于采用多元散射校正及归一处理后 LIBS 全谱的 Ca 元素 RF 模型的预测性能相较于基于原始 LIBS 光谱的 RF 模型的有所下降，使用一阶导数、二阶导数及小波变换对光谱数据预处理后作为输入变量其对应的 RF 模型性能有所提升。且当二阶导数平滑点数为 7 时获得了最佳的预测性能，其 R_{CV}^2 从 0.9581 提升为 0.9746，其 MRECV 从 0.9518 升高为 1.2649(有所变差，此处主要以 R^2 模型的作为模型性能的评价指标)。对于采用小波变换预处理后 LIBS 全谱的 Mg 元素 RF 模型的预测性能相较于基于原始 LIBS 光谱的 RF 模型有所下降，而采用归一化、多元散射校正、一阶导数及二阶导数处理后的光谱作为输入变量其对应的 RF 模型性能有所提升。且当二阶导数平滑点数为 11 时获得了最佳的预测性能，其 R_{CV}^2 从 0.8991 提升为 0.9307，其 MRECV 从 0.2617 升高为 0.6138(有所变差)。综上所述，在以 LIBS 全谱作为输入变量进行 RF 校正模型构建时，对于 K、Ca 及 Mg 三种元素均选择以二阶导数为 LIBS 光谱预处理方法。

表 3-4　不同光谱预处理方法的 RF 校正模型的预测性能对比

预处理方法	K			Ca			Mg		
	参数	R_{CV}^2	MRECV	参数	R_{CV}^2	MRECV	参数	R_{CV}^2	MRECV
原始光谱	—	0.9342	0.4177	—	0.9581	0.9518	—	0.8991	0.2617
最大值归一化	—	0.9109	0.3508	—	0.9394	1.5963	—	0.9033	0.3194
多元散射校正	—	0.9065	0.0971	—	0.9580	0.8971	—	0.9088	0.2538
一阶导数	3	0.9611	0.3764	5	0.9742	1.1287	25	0.9265	0.2546
二阶导数	19	0.9644	0.3783	7	0.9746	1.2649	11	0.9307	0.6138
小波变换	db8-3	0.9332	0.0117	coif1-1	0.9603	0.9436	db3-13	0.8968	0.2529

3.3.3　基于特征波段的土壤营养元素快速定量分析方法研究

从图 3-1 可以看出，尽管图 3-1 中具有更多的样品信息，但是如果直接使用图 3-1 中土壤样品的全谱数据用于 RF 校正模型的构建，则会使 RF 模型的建模时间增加，而且也可能会造成模型的预测性能产生下降。因为，全谱中不仅包含了样品中待测元素的特征峰，同时存在有繁杂的冗余信息，这部分信息对于 RF 模型的预测性能的贡献度尚不清楚。目前，对于这类问题的解决方案大致可以分为两类，其一为特征变量提取、其二为特征波段提取。特征变量提取通过使用特定的方法对光谱数据进行计算，从而获得特征变量，以这部分数据作为 RF 模型的输入变量用于模型的构建，以求使模型的预测性能获得一定的改善，使用广泛的特征变量筛选方法主要包括无信息变量消除、连续投影算法、模拟退火算法、蚁群算法等。特征波段法相对于特征变量提取来说较简单，基本思想与特征变量提取相似，也是用于筛选变量、提高模型预测性能的一种方法，做法简言之就是从样品的全谱数据中筛选出含有所要研究元素的特征谱线的对应波段，以此作为输入变量用于 RF 模型的构建。本小节将基于 NIST 数据库提取出的 N、K、Ca 及 Mg 四种元素的 LIBS 光谱的特征波段作为 RF 模型的输入变量用于上述元素的快速定量分析模型的构建。

按照第 2 章中相同的建模步骤，以 N 元素对应的 LIBS 光谱特征波段(500~800nm)以及对应的 N 元素含量参考值构建 RF 校正模型，并对该模型的预测性能进行评价，评价指标同全谱的评价指标。为了探究不同光谱预处理方法对于 N 元素的 LIBS 光谱特征波段的预处理效果，本小节分别对比了基于五种光谱预处理方法(最大值归一化法、多元散射校正、一阶导数法、二阶导数法以及小波变换法)作为输入变量的 N 元素定量分析的 RF 校正模型的预测性能。

表 3-5 为基于不同光谱预处理方法的 RF 校正模型的预测性能对比。由表 3-5 可以看出，在采用归一化法作为预处理方法时，采用是以 LIBS 光谱的强度最大值为参考的最大值归一化法。采用一阶导数对 LIBS 光谱数据预处理时，对其平滑点数进行优化，优化范围为 1-25，最终，选择平滑点数为 13。采用二阶导数对 LIBS 光谱数据预处理时，对其平滑点数进行优化，优化范围为 1-25，最终，选择平滑点数为 23。以小波变换为光谱预处理方法时，优化了小波基函数和小波分解层数，小波基函数优化的范围为 db1-10 及 coif1-3，小波分解层数的优化范围为 1-13，最终选择的小波基函数为 coif3，小波分解层数为 2。

表 3-5　不同光谱预处理方法的 RF 校正模型的预测性能对比

预处理方法	参数	R^2_{CV}	MRECV
原始光谱	—	0. 8814	0. 3447
最大值归一化	—	0. 9319	0. 3823
多元散射校正	—	0. 9639	0. 3667
一阶导数	13	0. 9809	0. 3230
二阶导数	23	0. 9739	0. 3854
小波变换	coif3-2	0. 8935	0. 3165

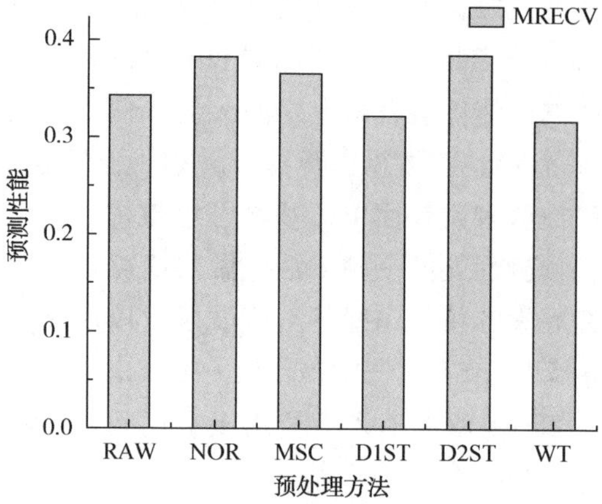

图 3-3 不同预处理方法的 N 元素 RF 校正模型的预测性能对比

图 3-3 所示为不同预处理方法的 N 元素 RF 校正模型的预测性能对比。结合表 3-5 所示，和原始光谱作为输入变量建立的 RF 模型所对比，五种 RF 模型的交叉验证 R_{CV}^2 均有所提升，但除小波变换和一阶导数构建的 RF 模型外，其余模型的 MRECV 均变差。结合图 3-3 中所示，上述五种 RF 模型对于预测集样本中 N 元素的预测性能相较于基于原始光谱的 RF 模型而言，均有所改善，且多元散射校正法构建的 RF 模型的 MREP 最小。但是，综合考虑校正集和预测集的结果，最终确定以一阶导数法作为以 500~800nm 特征波段为输入变量的 N 元素定量分析 RF 模型的预处理方法。其 R_{CV}^2 为 0. 9809，MRECV 为 0. 3230，MREP 为 0. 2828。

基于相同的思路探究了一阶导数、最大值归一化、多元散射校正等光谱预处理方法对基于 LIBS 特征波段的 K(400~770nm)，Ca(270~660nm)及 Mg(200~520nm)三种元素的 RF 模型预测性能的影响。表 3-6 为基于不同光谱预处理后的 LIBS 光谱的 RF 模型的预测性能。从表 3-6 可以看出，使用多元散射校正及小波变换对 K 元素 LIBS 特征波段预处理后的 RF 模型的预测性能相较于基于原始 LIBS 光谱的 RF 模型有所下降，而采用一阶导数、二阶导数和最大值归一化处理后的光谱作为输入变量其对应的 RF 模型性能有所提升。且当采用最大值归一化处理时获得了最佳的预测性能，其 R_{CV}^2 从 0. 9143 提升为 0. 9611，其 MRECV 从 0. 4024 降低为 0. 3836。对于采用最大值归一化、多元散射校正及小波变换预处理后 LIBS 特征波段的 Ca 元素 RF 模型的预测性能相较于基于原始 LIBS 光谱的 RF 模型有所下降，使用一阶导数及二阶导数对光谱数据预处理后作为输入变量其对应的 RF 模型性能有所提升。且当采用一阶导数处理时获得了最佳的预测性能，其 R_{CV}^2 从 0. 9559 提升为 0. 9659，其 MRECV 从 0. 8427 升高为 0. 9050(略微下降)。对于采用小波变换预处理后 LIBS 特征波段的 Mg 元素 RF 模型的预测性能相较于基于原始 LIBS 光谱的 RF 模型的有所下降，而采用其他四种方法预处理后的光谱波段作为输入变量其对应的 RF 模型性能有所提升。且当采用二阶导数处理时获得了最佳的预测性能，其 R_{CV}^2 从 0.9068 提升为 0.9410，其 MRECV 从 0.2419 升高为 0.2600(略微下降)。尽管其 MRECV 略有下降，但是经过波段选择后，模型的 R_{CV}^2 均获得了一定的改善，此外，建模时间也有所减少，这将更有利于该模型的实际应用。

表 3-6　不同光谱预处理方法的 RF 校正模型的预测性能对比

预处理方法	K			Ca			Mg		
	参数	R_{CV}^2	MRECV	参数	R_{CV}^2	MRECV	参数	R_{CV}^2	MRECV
原始光谱	—	0.9143	0.4024	—	0.9559	0.8427	—	0.9068	0.2419
最大值归一化	—	0.9611	0.3836	—	0.9286	1.7290	—	0.9084	0.2855
多元散射校正	—	0.9091	0.3557	—	0.9555	1.0661	—	0.9271	0.2496
一阶导数	3	0.9537	0.3834	13	0.9659	0.9050	19	0.9337	0.2521
二阶导数	11	0.9542	0.3927	5	0.9634	0.9831	25	0.9410	0.2600
小波变换	db10-1	0.9059	0.4050	db8-13	0.9556	0.8600	db5-1	0.9050	0.2435

3.3.4　不同定量分析模型性能的比较

本小节分别比较了基于 LIBS 全谱及特征波段的土壤中 N、K、Ca 及 Mg 四种元素的 RF 校正模型的预测性能。从表 3-7 中可以看出，对于 N 元素，尽管采用波段提取建模 R_{CV}^2 获得了略微的提升，但是其 MRECV 和 MREP 均变差，因此，对于 N 元素的定量分析 RF 模型选择以全谱波段并采用一阶导数作为预处理方法处理数据后作为输入变量建立 RF 模型。对于 K 元素，采用特征波段建模获得的 RF 模型的预测性能均不如采用全谱建模获得的 RF 模型，因此，对于 K 元素的定量分析 RF 模型选择以全谱波段并采用二阶导数作为预处理方法处理数据后作为输入变量建立 RF 模型。对于 Ca 元素，采用特征波段建模获得的 RF 模型的 R_{CV}^2 和 MREP 均不如采用全谱建模获得的 RF 模型，只有 MRECV 有所下降，因此，综合考虑校正集和预测集的预测性能，最终确定对于 Ca 元素的定量分析 RF 模型选择以全谱作为输入变量并采用二阶导数作为预处理方法进行 RF 模型的构建。对于 Mg 元素，采用特征波段建模获得的 RF 模型的 R_{CV}^2 和 MRECV 均优于采用全谱建模获得的 RF 模型的，只有 MREP 有所变差，因此，综合考虑校正集和预测集的预测性能，最终确定对于 Mg 元素的定量分析 RF 模型选择以 200～

520nm 特征波段并采用二阶导数作为预处理方法处理数据后作为输入变量建立 RF 模型。

表 3-7　N、K、Ca 及 Mg 四种元素不同输入变量的定量分析模型性能的比较

元素	输入变量	预处理方法	R_{CV}^2	MRECV	MREP
N	全谱	一阶导数	0.9791	0.2643	0.2677
	500~800nm	一阶导数	0.9809	0.3230	0.2828
K	全谱	二阶导数	0.9644	0.3783	0.1117
	400~770nm	归一化	0.9611	0.3836	0.1240
Ca	全谱	二阶导数	0.9746	1.2649	1.1744
	270~660nm	一阶导数	0.9659	0.9050	1.3006
Mg	全谱	二阶导数	0.9307	0.6138	0.2741
	200~520nm	二阶导数	0.9410	0.2600	0.2955

3.4　本章小结

本章基于 LIBS 技术结合 RF 算法成功的构建了土壤中 N、K、Ca 及 Mg 四种营养元素快速定量分析模型。首先，基于 NIST 数据库对土壤样品的 LIBS 光谱进行特征峰标注，并对四种元素所属的特征波段进行提取。其次，分别基于土壤样品的 LIBS 全谱以及特征波段分别构建了初始 RF 校正模型，并探讨了五种不同的光谱预处理方法对基于丹参种植土壤 LIBS 光谱的 RF 校正模型预处理的影响，以获得一种最佳的光谱预处理方法，采用五折交叉验证对预处理方法及模型的参数进行优化。最终，基于优化后的模型参数及输入变量分别构建了用于土壤中 N、K、Ca 及 Mg 四种营养元素快速定量分析的 RF 模型，该模型具有较好的预测性能，对于 N 元素，其 R_{CV}^2 为 0.9791，MRECV 为 0.2643，MREP 为 0.2677；对于 K 元素，其 R_{CV}^2 为 0.9644，MRECV 为 0.3783，MREP 为 0.1117；对于 Ca 元素，其 R_{CV}^2 为 0.9746，MRECV 为 1.2649，MREP 为 1.1744；对于 Mg 元素，其 R_{CV}^2 为 0.9410，MRECV 为 0.2600，MREP 为 0.2955。

参 考 文 献

[1] Shiel R S. Nutrient elements in grassland: soil-plant-animal relationships[J]. European Journal

of Soil science, 2001, 52(3): 523-524.

[2] Liang C, Macdonald D, Thiagarajan A, et al. Developing a country specific method for estimating nitrous oxide emissions from agricultural soils in Canada[J]. Nutrient Cycling in Agroecosystems, 2020, 117(2): 145-167.

[3] Dai Z, Liu G, Chen H, et al. Long-term nutrient inputs shift soil microbial functional profiles of phosphorus cycling in diverse agroecosystems[J]. The ISME Journal, 2019, 14(10): 1-14.

[4] Coonan E C, Richardson A E, Kirkby C A, et al. Soil fertility and nutrients mediate soil carbon dynamics following residue incorporation[J]. Nutrient Cycling in Agroecosystems, 2020, 116(2): 205-221.

[5] Fang Y, Singh B P, Farrell M, et al. Balanced nutrient stoichiometry of organic amendments enhances carbon priming in a poorly structured sodic subsoil[J]. Soil Biology and Biochemistry, 2020: 107800.

[6] María X, Gómez-Rey, Madeira M, et al. Effets de la gestion de résidus organiques et d'un couvert de légumineuses sur la croissance de semis de pin, le lessivage des nutriments et les propriétés du sol[J]. Annals of Forest Science, 2008, 65(8): 807-807.

[7] Iii J H H, Wiebold W J, Fritschi F B. Long-term tillage and crop rotation determines the mineral nutrient distributions of some elements in a Vertic Epiaqualf[J]. Soil & Tillage Research, 2011, 112(1): 27-35.

[8] Ayranov M, Krhenbühl Urs, Sahli H, et al. Determination of neptunium in soil by ICP-MS[J]. Radiochimica Acta, 2005, 93(9-10/2005): 631-635.

[9] Qiao J, Hou X, Roos P, et al. High-throughput sequential injection method for simultaneous determination of plutonium and neptunium in environmental solids using macroporous anion-exchange chromatography, followed by inductively coupled plasma mass spectrometric detection[J]. Analytical Chemistry, 2011, 83(1): 374-381.

[10] https://physics.nist.gov/PhysRefData/Handbook/periodictable.htm.

4　LIBS 技术在工业污染区土壤元素分析中的应用

4.1　引言

石油作为一种重要的化石能源和战略物资，已成为各国经济发展和现代化进程中不可或缺的物质基础，甚至成为国际竞争的焦点。据《美国石油和天然气杂志》2017 年在线统计，全球石油产量约为 3.9345 亿吨，中国原油日产量为 380 万桶。随着我国原油需求的持续增长，引发了一系列严重的环境问题。因采油过程中漏油、回收利用不完全会造成土壤、水资源和空气污染，特别是土壤污染。随着石油工业的发展，在原油的生产、运输、储存和炼制过程中都会产生大量的含油污泥。也是石油工业产生的固体废物之一，是各种多环芳烃(Polycyclic Aromatic Hydrocarbons，PAHs)、水、重金属和固体颗粒物等物质的混合物。根据中国环境标准(GB 5085.7—2007)规定，含油污泥是一种危险的固体废物。如果含油污泥在排放前没有达到国家规定的排放标准，含油污泥中的重金属会通过食物链逐渐富集起来，并通过食物存储在人体器官中，造成慢性中毒，危害人体健康。所以，快速分析含油污泥中重金属的浓度对含油污泥的处理、迁移、改善、监测和修复都具有重要意义。因此，亟须探求一种能够准确、快速地检测含油污泥中重金属的方法。

本章主要以重金属浓度不同的含油污泥为研究对象，建立了 RF 算法与小波变换相结合的定量分析方法。首先，对样品进行预处理后压片，在实验室环境条件下采集 LIBS 光谱数据；其次在不同小波参数条件下对 LIBS 光谱数据进行降噪处理，建立 WT-RF 模型；然后，基于最优的小波参数进行变量重要性提取，研究在不同的变量重要性阈值下定量分析的结果；最后，基于最佳的输入变量建立定量分析含油污泥中重金属浓度的 RF 模型。目的在于建立一种能够快速、准确检测含油污泥中重金属的方法。

4.2 材料和方法

4.2.1 实验装置

实验装置：采用 Q 开关 Nd：YAG 激光器（北京×××技术有限公司，Dawa 300），激光束波长设置为 1064nm，脉冲能量调为 150mJ，持续时间约 8ns，重复频率 5Hz。含油污泥样品直接放置在一个 X-Y-Z 可手动旋转的测量台上。激光束从垂直于样品表面的角度垂直聚焦到样品表面，使用 100ms 的焦距。为了提高发射强度的再现性，将焦点置于目标表面以下几毫米处。等离子体辐射被耦合到一根连接 MX2500-3PLUS 光谱仪的三通道光纤上（美国海洋光学，波长范围：200~500nm，分辨率：0.07nm）。实验在正常室内环境条件下进行，将光谱仪的栅宽设置为 1ms。探测器的延迟时间设置为 3μs，为避免检测的脉冲激光轫致辐射、提高信噪比，延迟时间设置为 150μs。在 LIBS 实验之前，利用 Hg-Ar 灯校准了 LIBS 光谱的强度和波长。所有的测量都是在大气压下的空气中进行的。

4.2.2 样品制备及光谱采集

实验试剂包括四氯化碳（分析纯）、蒸馏水、浓盐酸、乙醇（分析纯）、五水硫酸铜（分析纯）、六水氯化铬（分析纯）、六水氯化镍（分析纯）、氧化锌（分析纯）。原始样品采集于中国陕西省某采油厂，如图 4-1 所示。

图 4-1 含油污泥

为了方便实验测量，实验样本在实验室制备。为了研究 LIBS 检测含油污泥中重金属的可行性，本次实验使用标准加入法制备了 16 个铜锌铬镍浓度不同的含油污泥样品。制备过程如下：①使用四氯化碳对含油污泥进行多次萃取，萃取掉原始样品中原油，然后将经过萃取后的样品放置在烘箱中进行干燥，去除含油污泥中的水分，温度设置为 150℃，时间设置为 6h；②将烘干的含油污泥研磨、过筛（100 目）后，使用试剂五水硫酸铜（分析纯）、六水氯化铬(分析纯)、六水氯化镍(分析纯)、氧化锌(分析纯)、蒸馏水、浓盐酸、酒精配制含油污泥样品;③将配置好的含油污泥再次放入烘箱中干燥,温度设置为100℃,干燥时间6h,随后进行研磨、压片。

为了方便LIBS检测,需要使用压片机将粉末状的含油污泥样品制备成片状,含油污泥样品经过研磨后将压片机压力调至20MPa,压制4min。每个样品压一个片,样品大小为φ20mm×1.5mm。含油污泥样品信息参考值是使用X射线荧光光谱法确定。在本研究中,为测量含油污泥中的重金属含量,所使用的X射线荧光光谱仪器型号为:日本岛津,EDX-8000,光源1000,波长70~750nm,焦距为500mm。每个样品检测范围设置为1cm×1cm,由于样品的不均一性,为减小测量误差,每个样品随机检测20次,取平均值。检测的具体结果如表4-1所示,由于本实验重点定量分析铜、锌、铬和镍四种重金属,所以具体分析了Cu、Zn、Cr和Ni的质量分数。

表4-1 含油污泥样品中主要成分的质量分数 %

编号	Cu	Zn	Cr	Ni
1#	0.0984	0.0806	0.1175	0.1660
2#①	0.1284	0.1106	0.1475	0.1960
3#	0.1584	0.1406	0.1775	0.2260
4#①	0.1684	0.1506	0.1875	0.2360
5#	0.1884	0.1706	0.2075	0.2560
6#	0.2184	0.2006	0.2375	0.2860
7#	0.2484	0.2306	0.2675	0.3160
8#	0.3084	0.2906	0.3275	0.3760
9#	0.3684	0.3506	0.3875	0.4360
10#①	0.3984	0.3806	0.4175	0.4660
11#	0.4284	0.4106	0.4475	0.4960
12#	0.4584	0.4406	0.4775	0.5260
13#①	0.4684	0.4506	0.4875	0.5360
14#	0.5784	0.5606	0.5975	0.6460
15#①	0.6984	0.6806	0.7175	0.7660
16#	0.8684	0.8506	0.8875	0.9360

① 系指测试集样本。

由于样品可能存在不均匀性，所以本次实验在每个样品表面随机的50处不同位置进行击打，同一个位置击打五次平均后收集一个LIBS光谱。每个含油污泥样品收集50个光谱，16个样品一共收集的光谱数为800。随后，将1#、3#、5#、6#、7#、8#、9#、11#、12#、14#、16#样品设置为校准集，其余样品设置为测试集。基于MATLAB(R2016a)环境下的化学计量学算法对LIBS光谱数据进行定量分析。

4.2.3 随机森林算法

随机森林(Random Forest，RF)算法是由加州大学伯克利分校的统计学家Leo Breiman于2001年提出的一种基于多元回归树的回归算法，该方法克服了传统方法精度低、拟合过度的缺点，是一种重要的基于Bagging的集成学习方法，可以用来做分类、回归等问题，在LIBS的定量分析中得到了成功应用。在机器学习中，RF是一种统计学习理论，提取重复采样方法进行回归分析。RF算法有许多优点：①具有极高的准确率；②随机性的引入，使得随机森林不容易出现过拟合现象；③随机性的引入，使得随机森林算法有很好的抗噪声能力；④能够处理高维度的数据，并且不用做特征选择；⑤既能处理离散型数据，也能处理连续型数据，数据集无须规范化；⑥训练速度快，可以得到变量重要性排序；⑦容易实现并行化等。是一种既可以进行分类，又可以用来做定量分析的算法。

将激光诱导击穿光谱强度与含油污泥中重金属(Cu、Zn、Cr和Ni)的含量关系结合起来，建立RF模型。所有的回归树输出都进行了预测。一般情况下，随机森林的构建过程大致如下：①从原始训练集中使用Bootstraping方法随机有放回的选出m个样本，共进行$n_$ tree次采样，生成$n_$ tree个训练集，在采样时一些样本将会被选取，而另一些则将从数据集中“遗漏”，未被选择的数据称为袋外数据(Out-Of-Bag，OOB)约为原始数据的37%；②对于$n_$ tree个训练集，分别训练$n_$ tree个决策树模型；③对于单个决策树模型，假设训练样本特征的个数为n，那么每次分裂时根据信息增益/信息增益比/基尼指数选择最好的特征进行分裂；④每棵树都一直这样分裂下去，直到该节点的所有训练样例都属于同一类。在决策树的分裂过程中不需要剪枝；⑤将生成的多棵决策树组成随机森林。当随机森林用于解决分类问题时，则按多棵树分类器投票结果决定最终分类结果，哪一类的票数多则将该样本决定为哪一类；对于定量问题，则根据多棵树的预测结果的均值来决定最终的预测结果。

RF 算法有两个重要的参数：n_tree—决策树的个数；m_try—决策树的节点树数量。在本工作中，参数 n_tree 被设置为 500，n_tree 是主要参数之一，通过划分每个为所选属性引入随机节点。假设训练样本中有 M 个属性（波长），随机抽取 m_try 作为决策树中每个内部节点（$m\_try<<M$）之间的候选属性，通过袋外数据误差估计对 RF 模型的 n_tree 和 m_try 进行优化。当使用袋外数据作为输入变量时，真实值与模型预测值之间的误差就被称为袋外数据误差（OOB error）。

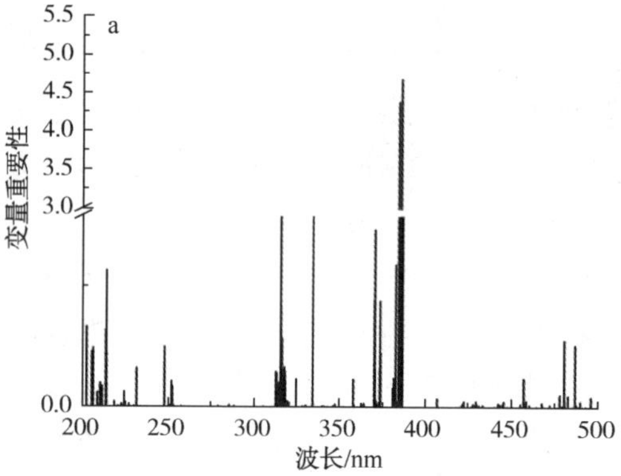

图 4-2　RF 模型变量重要性和含油污泥中 Cu 元素 LIBS 光谱（200～500nm）之间的关系

4.2.4　变量重要性

输入变量的重要性可以通过随机森林模型来计算。变量的重要性越高，说明该变量的贡献度越大，模型的预测结果越好。基于变量重要性（Variable Importance）的 RF 模型，建模过程可以描述为：①假设有一个原始的 LIBS 光谱 a，可以用来构建一个 RF 量化模型；②计算各输入变量的变量重要性，用于基于 OOB 误差的量化分析；③如果变量的重要性低于阈值，则删除该变量，生成新的输入变量集 B；④利用输入变量集合 B 构建新的 VIRF 量化模型。该方法可重复多次，并建立了满意的量化模型。以 Cu 元素为例，图 4-2 展示了 RF 模型变量重要性与含油污泥中铜元素的 LIBS 光谱（200～500nm）之间的关系，从图 4-2 可以看出一些变量的重要性等于零，说明变量的贡献度也为零。如果在建模的时候剔除这些变量的话，不仅可以提高分析结果的准确性，而且可以缩短建模所需的时间。

4.3　含油污泥重金属定量分析模型构建

4.3.1　元素特征峰的识别

含油污泥是含有多种化学元素的复杂样品，收集完含油污泥的 LIBS 光谱后，首先参照 NIST 原子光谱数据库对本书主要讨论的重金属（Cu、Zn、Cr 和 Ni）进行了鉴定。16#样品的 LIBS 光谱如图 4-3 所示。由图 4-3 可以看出，特征谱线 Cu Ⅰ 324.754nm、Cu Ⅰ 327.394nm、Zn Ⅰ 472.210nm、Zn Ⅰ 481.013nm、Cr Ⅰ 357.868nm、Cr Ⅰ 425.430nm、Cr Ⅰ 427.480nm、Cr Ⅰ 428.970nm、Ni Ⅰ 349.296nm、Ni Ⅰ 352.450nm 均清晰可见。一些元素较强的特征谱线可用于定量分析。特征线的光谱强度与样品中的元素的浓度有关。由于特征峰容易受自吸收效应的影响，无法获得准确的定量分析结果。并且由于含油污泥样品组成的复杂性，会产生基质效应和噪声，所以样品中 Cu、Zn、Cr、Ni 的光谱强度容易受到基质效应和可能的重叠峰的影响。

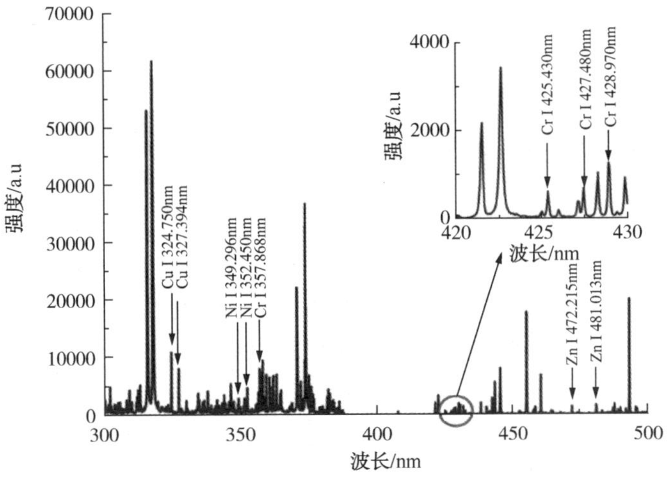

图 4-3 16#含油污泥样品的 LIBS 光谱图

4.3.2 基于小波变换处理 LIBS 光谱

为了获得较好的定量结果，采用小波变换方法对原始的含油污泥 LIBS 光谱进行预处理。图 4-4 描述了光谱进行小波预处理前后结合 RF 算法对四种金属元素的定量分析结果对比。从图 4-4 中可以观察到，经过小波变换预处理后，RF 校正模型的 R^2 明显有所提升，四种元素（Cu、Zn、Cr 和 Ni）的 R^2 分别从 0.9469、0.9448、0.9454 和 0.9487 提升到 0.9735、0.9737、0.9763 和 0.9742；定量分析结果的 RMSE 明显降低，四种元素（Cu、Zn、Cr 和 Ni）的 RMSE 均从 0.0695%、0.0692%、0.0698%和 0.0689%降低到 0.0357%、0.0396%、0.0426%和 0.0351%。因此，使用小波变换后的 LIBS 光谱建立 WT-RF 校准模型，用于对含油污泥样品中的四种重金属元素进行定量分析。

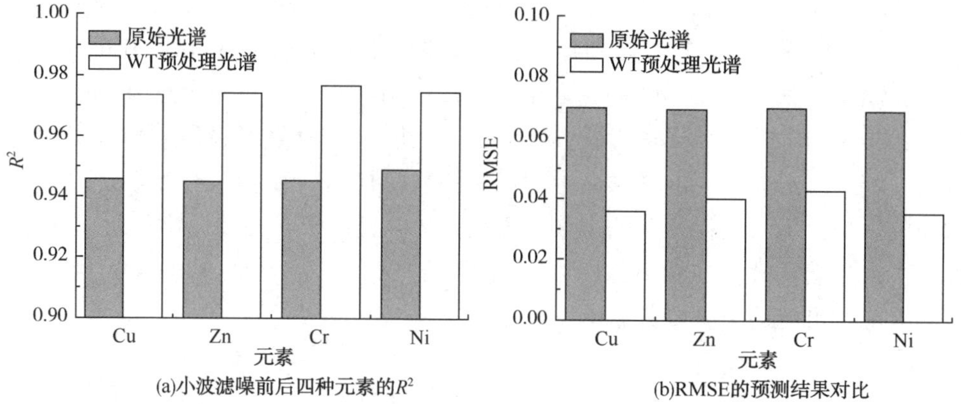

图 4-4 小波滤噪前后四种元素的 R^2(a)和 RMSE(b)的预测结果对比

4.3.3 小波变换的参数优化

首先利用未经过预处理的原始光谱进行 RF 建模预测，预测结果显示四个元素的 R^2 分别为 0.9469、0.9448、0.9454 和 0.9487，RMSE 分别为 0.0695%、0.0692%、0.0698%和 0.0689%。为了得到更准确的定量结果，对原始光谱进行了小波变换处理，小波基函数为 db1、db2、db3 和 db4，所有的小波分解层数均为 1-7。利用小波变化处理后的 LIBS 光谱构建不同浓度不同元素的含油污泥定量分析的 RF 校正模型，将相关系数 R^2 和均方根误差 RMSE 作为性能评价指标来评价模型的好坏，R^2 越高，RMSE 越低，代表结果越好。

如图 4-5 所示，以 R^2 和 RMSE 为评价指标，表明了在不同的小波参数(小波 db1、db2、db3、db4，各分解层均为 1-7)条件下 WT-RF 校正模型对预测集样品的预测结果。图 4-5 中 a、c、e 和 g 图表示 WT-RF 校正模型的预测结果 R^2，b、d、e 和 h 表示 WT-RF 校正模型的预测结果 RMSE，黑、红、蓝和绿不同颜色的线条分别代表不同的小波基数 db1、db2、db3 和 db4，横坐标代表分解层数，纵坐标代表预测结果。从图 4-6 可以看出：对于 Cu 元素，当小波基数为 db1、分解为 4 层时，R^2 最高为 0.9735，RMSE 最低为 0.0357%；对于 Zn 元素，当小波基数为 db1、分解为 6 层时，R^2 最高为 0.9737，RMSE 最低为 0.0396%；对于 Cr 元素，当小波基数为 db1、分解为 6 层时，R^2 最高为 0.9763，RMSE 最低为 0.0426%；对于 Ni 元素，当小波基数为 db1、分解为 4 层时，R^2 最高为 0.9742，RMSE 最低为 0.0351%。

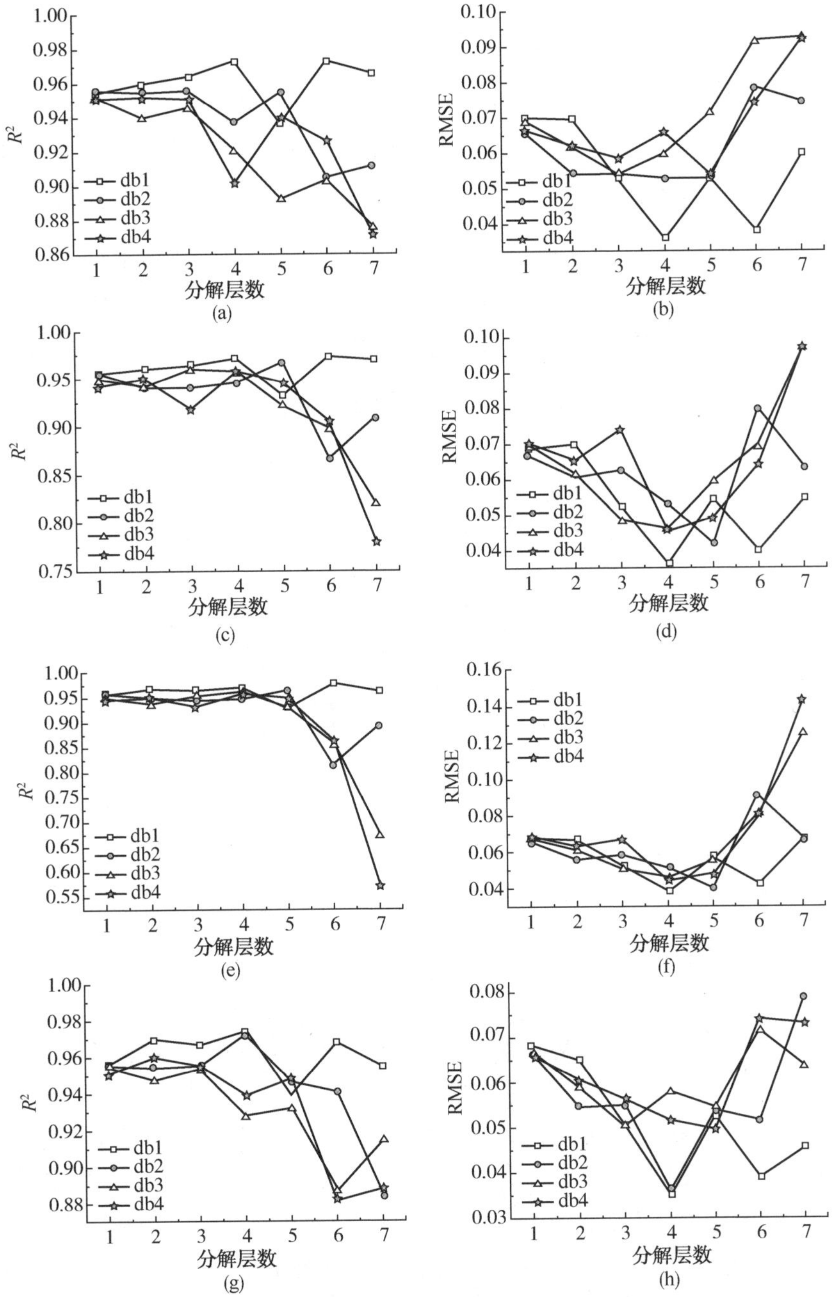

图 4-5　不同小波参数下校正模型的定量性能[R^2：(a)、(c)、(e)、(g)和RMSE：(b)、(d)、(e)、(h)]、[Cu：(a)、(b)，Zn：(c)、(d)；Cr：(e)、(f)，Ni：(g)、(h)]

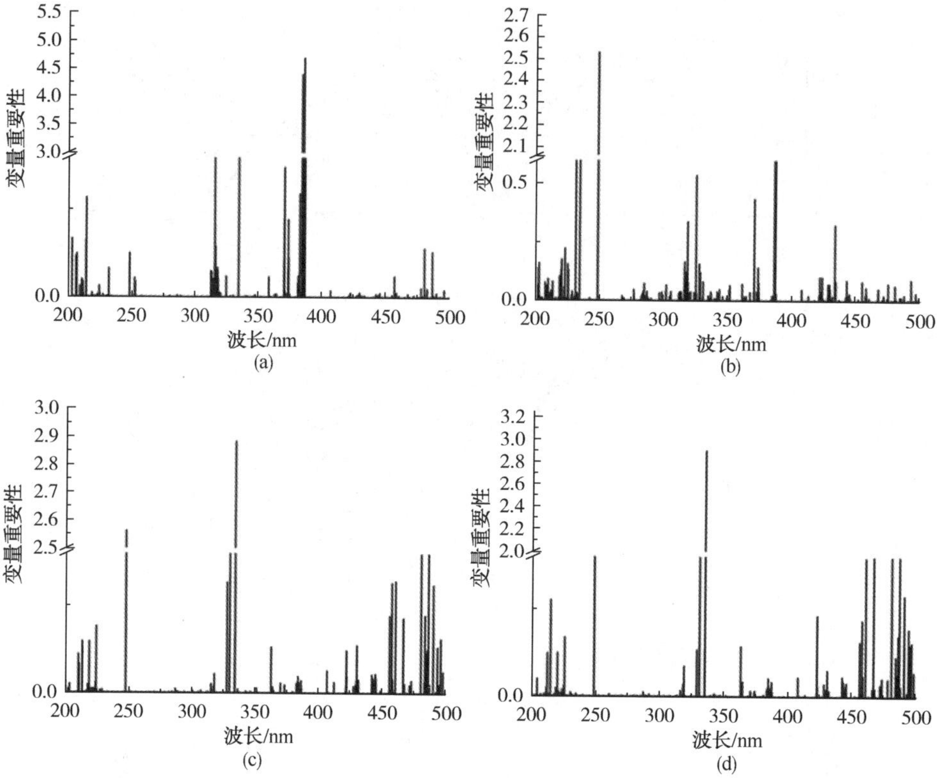

图 4-6　RF 校正模型与含油污泥 LIBS 光谱(200~500nm)变量重要性的关系

[(a)：铜；(b)：锌；(c)：铬；(d)：镍]

4.3.4　特征变量筛选

为了进一步提高定量分析结果的准确性，研究了在不同变量重要性阈值(0、0.0002、0.0004、0.0006、0.0008、0.01、0.02、0.03)下 WT-RF 校正模型对预测集样品的定量分析结果的影响，将定量分析结果的 R^2 作为评估标准。由表 4-2 可以看出，随着输入变量的变化，定量分析的结果 R^2 也发生了变化。当阈值达到一定值时，定量性能开始下降。这是由于 WT-RF 模型的输入变量急剧减少，剩余的变量不足以代表原始谱图的信息。由表 4-2 可知，对于 Cu 元素，采用变量重要性阈值为 0.01 的 LIBS 光谱作为输入变量时构建的 WT-VIRF 定量模型，$m\_$ try 为 58 时，R^2 达到最高；对于 Zn 元素，采用变量重要性阈值为

0.0002 的 LIBS 光谱作为输入变量时构建的 WT-VIRF 定量模型，*m*_ try 为 225 时，R^2 达到最高；对于 Cr 元素，采用变量重要性阈值为 0.0006 的 LIBS 光谱作为输入变量时构建的 WT-VIRF 定量模型，*m*_ try 为 116 时，R^2 达到最高；对于 Ni 元素，采用变量重要性阈值为 0.01 的 LIBS 光谱作为输入变量时构建的 WT-VIRF 定量模型，*m*_ try 为 57 时，R^2 达到最高。此外，值得指出的是，该方法大大减少了所需的建模时间，有利于该方法的实际应用。

表 4-2　四种元素不同变量重要性阈值所对应的 R^2

阈值	0	0.0002	0.0004	0.0006	0.0008	0.01	0.02	0.03
Cu	0.9727	0.9719	0.9734	0.9733	0.9742	0.9756	0.9720	0.9722
Zn	0.9734	0.9758	0.9736	0.9744	0.9741	0.9729	0.9728	0.9702
Cr	0.9764	0.9758	0.9753	0.9772	0.9757	0.9718	0.9666	0.9705
Ni	0.9717	0.9723	0.9717	0.9713	0.9716	0.9768	0.9766	0.9736

4.3.5　随机森林定量模型的验证

随机森林模型的定量准确性可以用 OOB 误差衡量，误差越小表明定量分析性能越好，反之亦然。一般来说，模型的性能可以通过交叉验证的方法进行评估，但是这种方法需要大量的计算，降低了评估的效率。当使用 OOB 数据估计量化性能时，计算时间大大缩短。为了验证 RF 模型对含油污泥中不同重金属(Cu、Zn、Cr 和 Ni)浓度定量分析的准确性，使用 R^2 和 RMSE 验证了 RF 模型的定量性能。将校准集分别用于 RF 模型的交叉验证时，从图 4-7 可以看出，RF 模型表现出良好的量化性能，得到的准确度均为 0.9999 以上。

基于最优模型参数和输入变量，构建了 WT-VIRF 校正模型，并将其用于预测测试集样本的四种重金属浓度，预测结果的准确性如表 4-3 所示。为了验证 WT-RF 模型的预测性能，利用相同的数据建立 PLS 模型，以 R^2、RMSE 和相对标准偏差(Relative Standard Deviation，RSD)作为评价标准，通过 5 折交叉验证确定 PLS 模型的最优潜在变量为 11。从表 4-3 可以看出，WT-VIRF 模型的 R^2 明显优于 PLS 模型的 R^2，WT-VIRF 模型的 RMSE 低于 PLS 模型的 RMSE，WT-VIRF 模型的 RSD 优于 PLS 模型的。结果表明，WT-VIRF 模型具有较好的预测性能，可用于预测含油污泥中的四种重金属浓度。

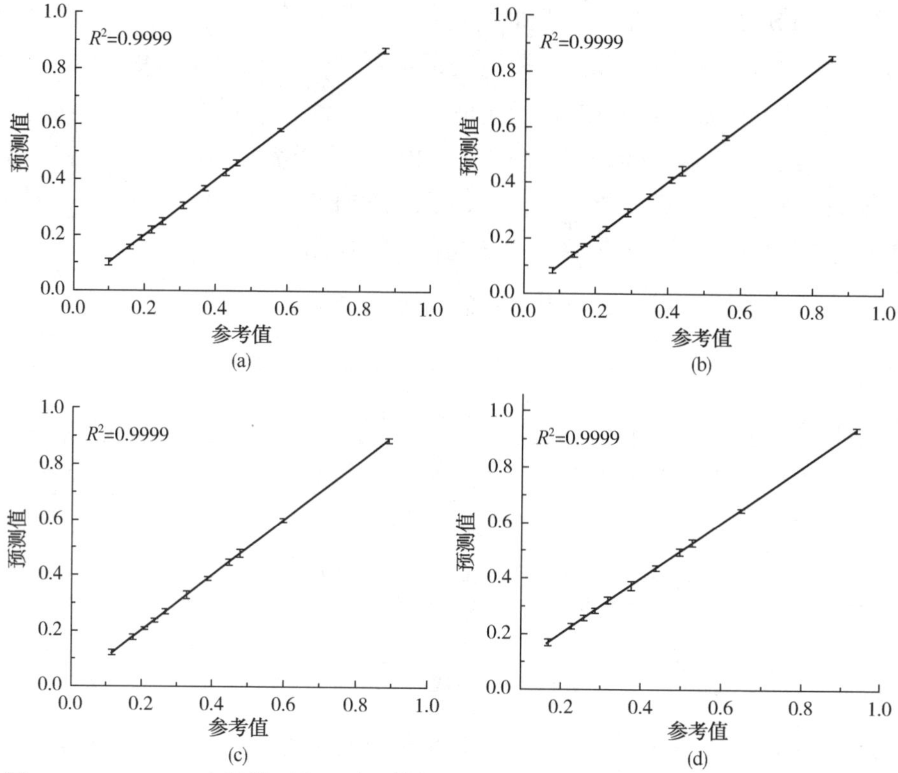

图 4-7　WT-VIRF 定量模型交叉验证结果[(a)：Cu；(b)：Zn；(c)：Cr；(d)：Ni]

表 4-3　不同定量模型的预测结果对比

元素	预测模型	阈值	R^2	RMSE	RSD
Cu	WT-VIRF	0. 01	0. 9756	0. 0358%	0. 0908
	PLS		0. 9679	0. 0432%	0. 1261
Zn	WT-VIRF	0. 0002	0. 9758	0. 0365%	0. 0929
	PLS		0. 9644	0. 0418%	0. 1098
Cr	WT-VIRF	0. 0006	0. 9772	0. 0446%	0. 0797
	PLS		0. 9571	0. 0453%	0. 0932
Ni	WT-VIRF	0. 01	0. 9768	0. 0344%	0. 0628
	PLS		0. 9749	0. 0412%	0. 0761

4.4　本章小结

本章节提出了基于 LIBS 结合 WT-VIRF 算法的含油污泥中的四种重金属(Cu、Zn、Cr 和 Ni)含量检测的方法，且取得了较好的预测效果。在实验室中对

16 份含油污泥样品进行了 LIBS 光谱分析，并利用 NIST 数据库对主要元素(Cu、Zn、Cr 和 Ni)进行了鉴定。根据元素的光谱强度，用 RF 对采集的光谱进行定量分析。为了获得更好的定量结果，采用小波变换(小波基函数 db1、db2、db3 和 db4，分解层数均为 1-7)对 LIBS 光谱进行预处理，然后以 R^2 和 RMSE 为评价指标选择最优的小波参数以及变量重要性阈值。最后，基于最优的输入变量，构建了含油污泥的 WT-VIRF 定量模型，并利用训练集和测试集验证了该模型的性能。为了验证 WT-VIRF 模型的准确性，使用相同的数据建立了 PLS 模型，并与 WT-VIRF 模型进行对比，通过对比结果可知 WT-VIRF 模型的定量性能优于 PLS 模型。WT-VIRF 模型对测试集的四种元素(Cu、Zn、Cr 和 Ni)的预测结果 R^2 分别为 0.9756、0.9758、0.9772 和 0.9768；RMSE 分别为 0.0358%、0.0365%、0.0446%和 0.0344%。结果表明，RF 定量模型具有良好的定量性能。综合以上研究结果，认为 LIBS 技术与 WT-VIRF 技术相结合是一种快速同时定量分析含油污泥中重金属的有效手段。

参 考 文 献

[1] Xu N, Wang W, Han P, Effects of ultrasound on oily sludge deoiling[J]. Journal of Hazardous Materials, 2009, 171(1-3): 914-917.

[2] Mrayyan B, Battikhi M N. Biodegradation of total organic carbons(TOC) in Jordanian petroleum sludge[J]. Journal of Hazardous Materials, 2005, 120(1-3): 127-134.

[3] Hu G, Li J, Zeng G. Recent development in the treatment of oily sludge from petroleum industry: a review[J]. Journal of Hazardous Materials, 2013, 261: 470-490.

[4] WuS, Zhang T L, Tang H S, et al. Quantitative analysis of nonmetal elements in steel using laser-induced breakdown spectroscopy combined with random forest[J]. Analytical Methods, 2015, 7: 2425-2432.

[5] Liaw A, Wiener M. Predict method for random forest objects[J]. R News, 2002, 2: 18-22.

[6] Breiman L. Random forests[J], Machine Learning, 2001, 45: 5-32.

[7] Sheng L, Zhang T, Niu G, et al. Classification of iron ores by laser-induced breakdown spectroscopy(LIBS) combined with random forest(RF)[J]. Journal of Analytical Atomic Spectrometry, 2015, 30(2): 453-458.

[8] Tang H S, Zhang T L, Yang X F, et al. Classification of different types of slag samples by laser-induced breakdown spectroscopy(LIBS) coupled with random forest based on variable importance (VIRF)[J]. Analytical Methods, 2015, 7: 9171-9176.

5 LIBS 技术在土壤污染种类判别分析中的应用

5.1 引言

石油行业中产生的含油污泥往往需要经过一系列的处理，达到排放标准后才允许排放到外界环境中去。而目前并没有一种方法能够将含油污泥中的有害物质完全分离出来，所以对于含油污泥的排放标准国家是有所规定的。目前检测含油污泥是否达到排放标准的分析检测技术具有样品处理麻烦、测量周期长、价格昂贵等局限性。所以为了更快速有效的处理含油污泥，急需探求一种能够快速判别含油污泥是否能够达到排放标准的方法。

化学计量学方法结合 LIBS 技术不仅可以对样品进行定量分析，而且还可以对待测样品进行定性分析。为了更快的判断含油污泥是否达到排放标准，本章节主要研究了 LIBS 技术与化学计量学方法相结合定性分析含油污泥、田地间采集的土壤和购买的国家标准土壤的分类方法。分别对三种类别的土壤进行了预处理，压片。在实验室环境条件下采集了 LIBS 光谱，并将 LIBS 光谱与化学计量学方法相结合用于定性分析。分别研究了 RF 算法和偏最小二乘判别分析(Partial Least Squares-Discriminant Analysis，PLSDA)算法对土壤污染种类判别的可行性，对比了两种方法的定性分析结果。为了进一步提高定性分析结果的准确率，将 LIBS 光谱进行了归一化预处理，将预处理后的光谱作为输入变量分别建立了 RF 模型和 PLSDA 模型，并以正确率为评价指标比较了两种模型的好坏。本章内容旨在探求一种能够准确判别土壤受污染程度的方法。

5.2 材料和方法

5.2.1 样品制备

本章共计涉及 54 组土壤样本，具体信息如表 5-1 所示，含油污泥，样品编号为 1~33，来自陕西省某采油厂；国家标准土壤，编号 34~44；采自各地的正常土壤，样品编号 45～54。试剂包括五水硫酸铜(分析纯)、六水氯化铬(分析纯)、六水氯化镍(分析纯)、氧化锌(分析纯)、四氯化碳、乙醇(分析纯)、浓盐酸。

表 5-1 样品的基本信息

编号	样品来源	样品种类
1	含油污泥	受污染
2	含油污泥	受污染
3	含油污泥	受污染
4	含油污泥	受污染
5	含油污泥	受污染
6	含油污泥	受污染
7	含油污泥	受污染
8	含油污泥	受污染
9	含油污泥	受污染
10	含油污泥	受污染
11	含油污泥	受污染
12	含油污泥	受污染
13	含油污泥	受污染
14	含油污泥	受污染
15	含油污泥	受污染
16	含油污泥	受污染
17	含油污泥	受污染
18	含油污泥	受污染
19	含油污泥	受污染
20	含油污泥	受污染
21	含油污泥	受污染
22	含油污泥	受污染
23	含油污泥	受污染
24	含油污泥	受污染
25	含油污泥	受污染
26	含油污泥	受污染
27	含油污泥	受污染

续表

编号	样品来源	样品种类
28	含油污泥	受污染
29	含油污泥	受污染
30	含油污泥	受污染
31	含油污泥	受污染
32	含油污泥	受污染
33	含油污泥	受污染
34	地球物理地球化学勘查研究所 IGGEGBW07425(GSS-11)	无污染
35	地球物理地球化学勘查研究所 IGGEGBW07426(GSS-12)	无污染
36	地球物理地球化学勘查研究所 IGGEGBW07427(GSS-13)	无污染
37	地球物理地球化学勘查研究所 IGGEGBW07428(GSS-14)	无污染
38	地球物理地球化学勘查研究所 GBW07430(GSS-16)	无污染
39	地球物理地球化学勘查研究所 GBW07447(GSS-18)	无污染
40	地球物理地球化学勘查研究所 GBW07449(GSS-20)	无污染
41	地球物理地球化学勘查研究所 GBW07451(GSS-22)	无污染
42	地球物理地球化学勘查研究所 GBW07452(GSS-23)	无污染
43	地球物理地球化学勘查研究所 GBW07454(GSS-25)	无污染
44	地球物理地球化学勘查研究所 GBW07455(GSS-26)	无污染
45	定西	无污染
46	广州	无污染
47	邯郸	无污染
48	晋城	无污染
49	山东	无污染
50	四川	无污染
51	渭南	无污染
52	咸阳	无污染
53	运城	无污染
54	中卫	无污染

含油污泥的制备步骤与第 4 章部分的样品制备步骤相同。来自地球物理地球化学勘查研究所的国家标准土壤和各地的土壤样品制备过程如下：①将土壤放入烘箱中干燥去除土壤中的水分，烘箱温度设置为 100℃，时间设置为 6h；②将烘

干的土壤样品研磨、过筛(200 目)；③将过筛后的土壤进行压片，压片步骤与第 4 章实验部分的压片方法一致，样品大小为 φ20mm×1.5mm。

5.2.2 LIBS 光谱采集

本章所用实验装置与第 4 章实验装置相同。因为样品可能存在不均匀性，元素成分可能分布不均匀，所以本次实验在 1~33 号样品表面随机选取 50 处不同的位置进行击打，34~54 号样品表面选取 60 处不同的位置进行击打，同一个位置击打五次平均成一个 LIBS 光谱。54 个样品一共收集 2910 条光谱。利用软件 MATLAB(R2016a)结合化学计量学对 LIBS 光谱数据进行分类判别。

5.2.3 数据分析方法

1. 随机森林判别分析

随机森林对样本进行分类的基本原理如下：顾名思义，随机森林就是随机建立一个由很多决策树组成的森林，而且随机森林中决策树相互间是没有关联的。在得到组成的森林之后，随机的在随机森林的树中输入一个新的变量，这时森林中的决策树就会自动进行投票判断，判断新的样本应该属于哪一类，然后通过投票结果筛选出的哪一类次数最多，就预测这个样本为哪一类。本研究中当使用 RF 算法将第一类样品和第二类样品进行分类，RF 算法中两个重要的参数分别为 $n\_$ tree 和 $m\_$ try，在本研究中 $n\_$ tree 设置为 500，m 变量($m\_$ try)从所有的 M 变量(波长，$m\_$ try $\leqslant M$)中随机选择，$m\_$ try 设置为($M=5819$，$m\_$ try $=76$)为最优参数。

2. 偏最小二乘(PLS)算法

PLS 是 1966 年由欧洲经济计量学家 H Wold 等第一次提出并使用到社会科学研究中。到了 20 世纪 80 年代，H Wold 的儿子 S Wold 和 H Martens 领导的小组将 PLS 算法作为一种多元回归分析方法顺利地应用于化学计量学领域，并讨论了 PLS 模型。

截至目前，PLS 算法已经成熟地应用于分析化学、物理化学、医学领域等诸多领域，而且成为工业过程优化中一种较为实用的算法。如任芊等将正交信号校正与 PLS 算法结合的 OSC-PLS 应用于定量分析固体含能材料的挥发分研究；王纪华等认为 PLS 算法能够用于反演作物冠层生物化学参数的垂直分布；宋凯等提出了一种新型的折息递推 PLS(DRPLS)算法，并将其成功运用于橡胶密炼质量控制中，满足了混炼过程控制对门尼黏度预测模型灵活性和精确性的特殊要求，获得了具有足够精度和可调节性的混炼胶门尼黏度预测模型，为混炼过程的质量控制奠定了基础。

PLS 算法是一种用于优化数据的数学技术，通过找到一组数据的最佳函数和最小化误差的平方匹配求得一些绝对不可知的真值，通过使用最简单的方法，从而达到误差平方之和为最小的目的。很多其他的优化问题也可以通过最大化熵用最小二乘形式或最小化能量表达。PLS 算法的基本原理如下。

设由各因素构成的数据矩阵 $\boldsymbol{X}$ 为自变量，由各目标构成的数据矩阵 $\boldsymbol{Y}$ 为因变量，为了研究因变量和自变量的统计关系，观察并检测了 q 个样本点并由此构成了自变量和因变量的数据集 $\boldsymbol{X}=\{\boldsymbol{x}_1, \cdots, \boldsymbol{x}_p\}$ 和 $\boldsymbol{Y}=\{\boldsymbol{y}_1, \cdots, \boldsymbol{y}_q\}$。用 PLS 可建立以下线性模型：

$$\boldsymbol{Y}=\boldsymbol{XL}+\boldsymbol{M} \tag{5-1}$$

式中，$\boldsymbol{M}$ 为残差矩阵；$\boldsymbol{L}$ 为回归系数矩阵；其最小二乘解公式为：

$$\boldsymbol{L}=(\boldsymbol{X}^T\boldsymbol{X})^{-1}\boldsymbol{X}^T\boldsymbol{Y} \tag{5-2}$$

用 PLS 方法处理以上问题是，首先将 $\boldsymbol{X}$ 矩阵作双线性分解，即：

$$\boldsymbol{X}=\boldsymbol{T}P^T+F \tag{5-3}$$

式中，矩阵 $\boldsymbol{T}$ 含有两两正交的隐变量(Lalent Variable，LV)或得分矢量 t_1。

将矩阵 $\boldsymbol{Y}$ 作双线性分解，即：

$$\boldsymbol{Y}=UQ^T+\boldsymbol{E} \tag{5-4}$$

式中，U 为矩阵包含 $\boldsymbol{Y}$ 的隐变量 $\boldsymbol{u}_1$，即 $\boldsymbol{u}_1$ 为阵 $\boldsymbol{Y}$ 中变量的线性组合；$\boldsymbol{E}$ 为残差阵。

PLS 分别在 $\boldsymbol{X}$ 与 $\boldsymbol{Y}$ 中提取出的成分 t_1 和 $\boldsymbol{u}_1$(即：t_1 是 x_1，…，x_{p} 的线性组合，$\boldsymbol{u}_1$ 是 y_1，…，y_{q} 的线性组合)应满足以下要求：①t_1 和 u_1 应尽可能大地携带它们各自数据集中的变异信息；②t_1 和 u_1 的相关程度能够达到最大。

通过以上讨论可以得出，t_1 和 $\boldsymbol{u}_1$ 应尽可能地代表数据集 X 和 Y，同时自变量的成分 t_1 对因变量的成分 $\boldsymbol{u}_1$ 又有最强的解释能力。PLS 算法具有快速，且适合处理大数据的样本的优点，但是 PLS 算法容易出现过拟合现象。

在使用 PLSDA 算法对土壤光谱进行建模分析之前，一般要选取最优潜变量，对于 PLSDA 算法一般会采用十折交叉验证，七折交叉验证或者五折校正验证，做交互检验的代码如下：

$$CV=\mathrm{plsldacv}(X, Y, A, K, \mathrm{method}) \tag{5-5}$$

式中，X 为样本矩阵，行代表样本，列代表变量；Y 为类别值，1(阳性样本)或者-1(阴性样本)；*A* 为 PLS 主成分个数；*K* 为 *K* 折交互检验的折数，通常取 10 或 7 或 5(本研究选择的是 5 折交叉证)；method 为预处理方法，有 center、autoscaling、pareto 和 none(本研究中选取的是 none)。

在本研究中，选用五折交叉验证作为评判标准来选取最优潜变量(LV)，优化后的潜变量为 15。

5.3 土壤污染种类判别分析模型建立

在本章应用中，各种土壤的 LIBS 光谱信息作为自变量 *X*，将土壤的种类作为因变量 *Y* 进行分析和建模预测。LIBS 光谱信息用于定性分析时一般是通过对比样品中待测元素的特征谱线强度与其对应种类之间的关系进行分类，本章内容分别利用 RF 算法和 PLSDA 算法对土壤样品进行定性分析，然后将两种方法的分类结果进行对比。

5.3.1 基于原始光谱对土壤种类进行定性分析

样品分为两类，第一类是未被原油污染的土壤共 21 种，样品编号为 34~54；第二类是被原油污染过的土壤，含油污泥样品在实验室自行配置，样品编号为 1~33。第一类样品用 1 表示，第二类样品用 2 表示，每类样品随机选取 2/3 个样本作为训练集(第一类样品 14 个，第二类样品 22 个)，1/3 个样本作为测试集(第一类样品 7 个，第二类样品 11 个)。第一类样品每个样本采集了 60 个光谱，第二类样品每个样本采集了 50 个光谱，训练集共 1940 个光谱，校正集共 970 个光谱。

图 5-1 表明了 RF 算法对预测集样品的预测结果，横坐标表示光谱序号，纵坐标表示分类结果。如图 5-1 所示，图中处于预测结果左上角和右边中间出现的异常点数即为预测错误，从图 5-1 可以看出两类样品均出现了预判错误的情况，共 41 处。经过计算，基于原始光谱的 RF 模型对土壤种类判别分析的错误率为 0.0423，准确率为 0.9577。错误率等于判断出现异常的光谱数除以总的预测集光谱数。

随后，使用 PLSDA 模型对样品进行建模预测，由于 PLSDA 模型本身的因素，第一类样品用 1(阳性样品)表示，第二类样品用-1(阴性样品)表示，分类结果如图 5-2 所示，横坐标表示光谱序号，纵坐标表示分类结果。从图 5-2 可以看出左下角和右上角出现的异常判断即为判断错误，共 23 处，由图 5-2 可知分析结果准确性为 0.9763，错误率为 0.0237。

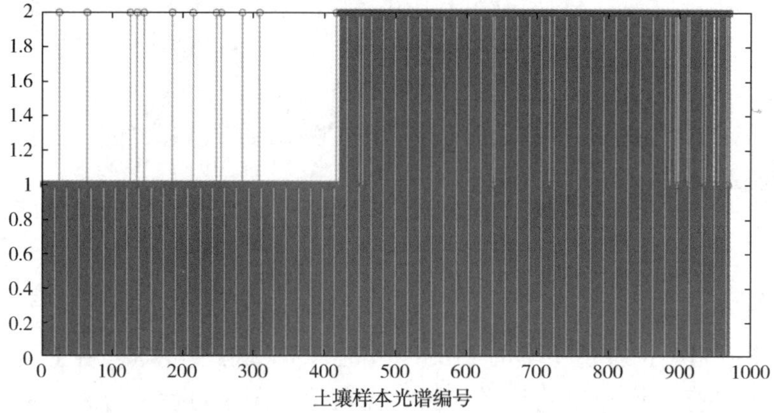

图 5-1　测试集样品 RF 分类结果

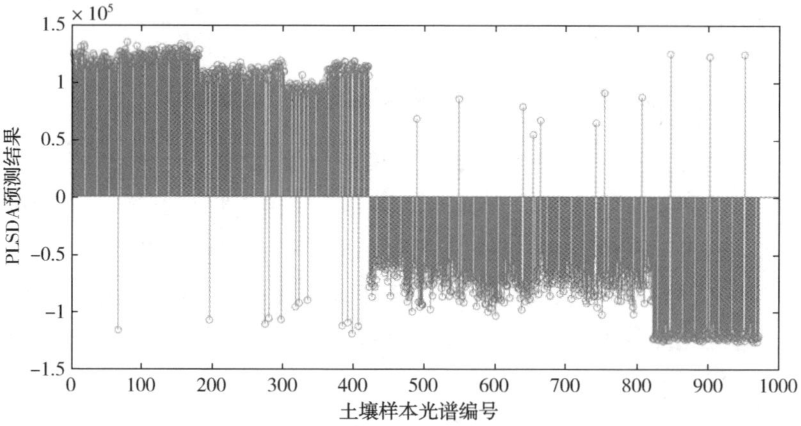

图 5-2　测试集 PLSDA 预测结果

两种方法的定性分析结果如表 5-2 所示，以正确率和错误率为评价指标。由表 5-2 可观察到，在土壤样品的 LIBS 光谱未进行任何预处理的情况下分别与 RF 算法和 PLSDA 方法相结合，对预测集的样品进行分类，根据评价指标结果可以看出，RF 模型的预测准确度略低于 PLSDA 模型的预测结果。

表 5-2　原始光谱作为输入变量的不同方法分类结果对比

分类方法	正确率	错误率
RF	0. 9577	0. 0423
PLSDA	0. 9763	0. 0237

5.3.2 光谱预处理

为了进一步的提高结果分类的准确性，对原始光谱进行了归一化预处理后，将预处理后的光谱作为输入变量分别与 RF 模型和 PLSDA 模型相结合对两类土壤进行了分类预测。随机选取一组数据为例，图 5-3 表示了土壤样品 LIBS 光谱图归一化处理前后的对比图，图 5-3(a)表示原始光谱，图 5-3(b)表示归一化预处理后的光谱，横坐标表示 LIBS 光谱的波长，纵坐标表示特征峰的强度。从图 5-3 中可以看出来纵坐标的大小发生了明显的变化，表明特征峰的强度发生了显著的变化。

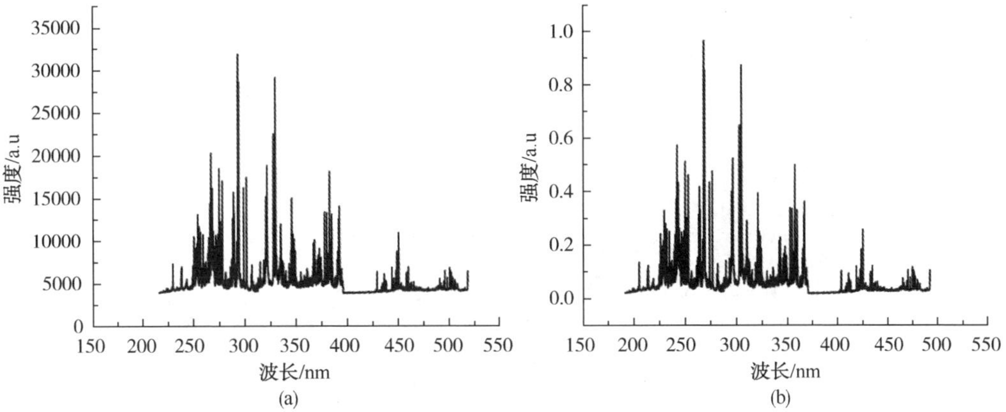

图 5-3 样品归一化前后对比图[(a)归一化前；(b)归一化后]

5.3.3 基于归一化光谱对土壤种类定性分析

将经过归一化预处理后的光谱与 RF 模型相结合进行建模预测，其预测结果如图 5-4 所示，相较于图 5-1，可以明显地看出左上角和右边中间部分的异常值明显减少，出错率明显降低，预测结果共有 20 组数据判断错误。将光谱进行归一化预处理后，RF 模型的正确率提高到 0.9794，错误率降低为 0.0206。

为了对比 RF 模型与 PLSDA 模型分类结果的好坏，对光谱进行同样的预处理方式后，利用 PLSDA 模型对两类土壤进行了定性分析，其结果如图 5-5 所示，相较于图 5-2，由图 5-5 可以明显地对比出左下角和右上角的异常判断明显减少，共 7 组数据预判错误，错误率降低到 0.0072，正确率升高到 0.9928。

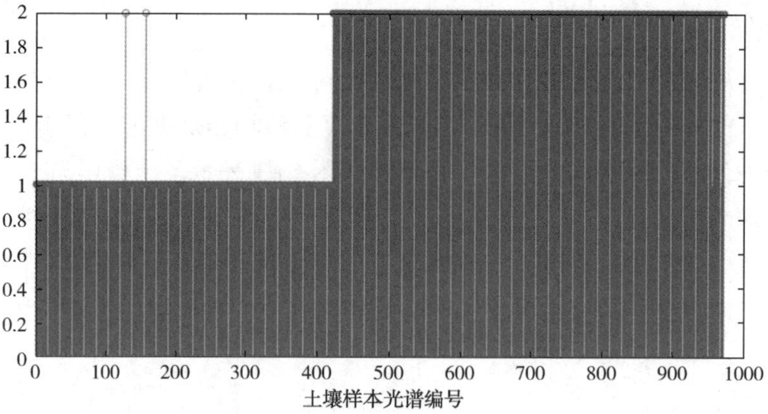

图 5-4　原始光谱经过归一化预处理后与 RF 算法相结合的分类判别结果

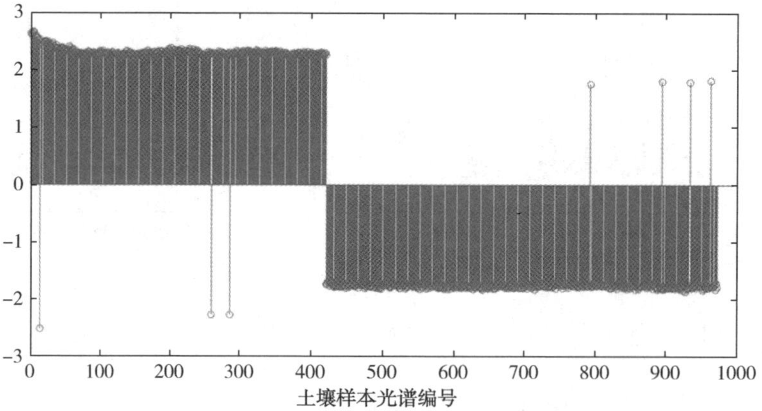

图 5-5　原始光谱经过归一化预处理后与 PLSDA 算法相结合的分类判别结果

通过对比可知，光谱经过归一化预处理后两种模型的定性分析结果均有所提升。提升的原因可能是该方法将量纲不一、范围不同的各种变量或特征数据表达为 0~1 内的数据。LIBS 光谱进行归一化后两种方法的定性分析结果如表 5-3 所示，仍以正确率和错误率为评价指标。由表 5-3 可观察到，在土壤样品的 LIBS 光谱经过最大最小值归一化处理后分别与随机森林算法和偏最小二乘法-线性判别分析方法相结合，对预测集的样品进行分类，根据评价指标结果可以看出，RF 模型和 PLSDA 模型的预测结果均有所提升，但是 RF 模型的预测准确度仍低于 PLSDA 模型的预测准确度。

表 5-3 归一化后的光谱作为输入变量的不同方法分类结果对比

分类方法	正确率	错误率
RF	0.9794	0.0206
PLSDA	0.9928	0.0072

5.4 本章小结

本章将含油污泥和正常土壤作为研究对象，研究了 LIBS 技术分别结合随机森林算法和偏最小二乘-线性回归分析算法对土壤污染种类进行分类判别的可行性，并取得了较好的效果。在实验室中对 54 份污染程度不同的土壤样品进行了 LIBS 光谱分析。将正确率和错误率作为评价标准，首先分别对比了将原始光谱作为输入变量与 PLSDA 和 RF 算法相结合用于土壤类别判定的预测结果。随后为了获取更好的分类结果，采用最大最小归一化算法对土壤样品的 LIBS 光谱进行了预处理，依然将正确率和错误率作为评价标准，RF 和 PLSDA 算法的正确率均有所提升，分别从 0.9577、0.9763 提升到 0.9794、0.9928。对比结果表明基于归一化的 PLSDA 模型具有最优的分类结果，结果准确率为 0.9928。综合以上研究结果，认为 LIBS 技术与 PLSDA 算法相结合是一种快速判别土壤污染程度的有效方法。

参 考 文 献

[1] Geladi P, Wold H. The father of PLS[J]. Chemometrics and Intelligent Laboratory System, 1992, 15(1): 7-8.

[2] 卢小泉，陈晶，周喜斌. 化学计量学研究方法[M]. 北京：科学出版社，2013.

[3] 任芊，解国玲，董守龙，等. OSC-PLS 算法在近红外光谱定量分析中应用的研究[J]. 北京理工大学学报，2005，25(3)：272-275.

[4] 王纪华，黄文江，劳彩莲，等. 运用 PLS 算法由小麦冠层反射光谱反演氮素垂直分布[J]. 光谱学与光谱分析，2007，27(7)：1319-1322.

[5] 宋凯，王海清，李平. 折息递推 PLS 算法及其在橡胶混炼质量控制中的应用[J]. 化工学报，2004，55(6)：942-946.

[6] 吴晓华，陈德钊. 化学计量学非线性偏最小二乘算法进展评述[J]. 分析化学，2004(4)：534-540.

[7] 倪力军，张立国. 基础化学计量学及其应用[M]. 华东理工大学出版社，2011.

[8] Cao Z, Cheng J, Han X, et al. Rapid classification of coal by laser-induced breakdown spectroscopy(LIBS) with K-nearest neighbor(KNN) chemometrics[J]. Instrumentation Science Technology, 2023, 51, 1, 59-67.

[9] Li M, Fu H, Du Y, et al. Laser induced breakdown spectroscopy combined with hybrid variable selection for the prediction of the environmental risk Nemerow index of heavy metals in oily sludge[J]. Journal of Analytical Atomic Spectrometry, 2022, 37, 5, 1099-1108.

[10] Li L, Liu X, Yang F, et al. A review of artificial neural network based chemometrics applied in laser-induced breakdown spectroscopy analysis[J]. Spectrochimica Acta Part B: Atomic Spectroscopy, 2021, 180, 106183.

[11] Gazeli O, Stefas D, Couris S, et al. Detection in soil by laser induced breakdown spectroscopy assisted by multivariate analysis[J]. Materials, 2021, 14, 3, 541.

[12] Li X, Zhang F, Guan B, et al. Review on oily sludge treatment technology[J]. Fourth International Conference on Energy Engineering and Environmental Protection, 2020, 467, 12173.

[13] Wang T, Jiao L, Yan C, et al. Simultaneous quantitative analysis of four metal elements in oily sludge by laser induced breakdown spectroscopy coupled with wavelet transform-random forest (WT-RF)[J]. Chemometrics and Intelligent Laboratory Systems, 2019, 194, 103854.

[14] Zhao Y, Guindo M, Xu X, et al. Deeplearning associated with laser-induced breakdown spectroscopy(LIBS) for the prediction of lead in soil [J]. Applied Spectroscopy, 2019, 73, 5, 565-573.

[15] Jing G, Luan M, Han C, et al. An effective process for removing organic compounds from oily sludge using soluble metallic salt[J]. Journal of Industrial and Engineering Chemistry, 2012, 18, 4, 1446-1449.

[16] Zhou L, Jiang X, Liu J, et al. Characteristics of oily sludge combustion in circulating fluidized beds[J]. Journal of Hazardous Materials, 2009, 170, 1, 175-179.

[17] Doucet F, Faustino P, Sabsabi M, et al. Quantitative molecular analysis with molecular bands emission using laser-induced breakdown spectroscopy and chemometrics[J]. Journal of Analytical Atomic Spectrometry, 2008, 23, 5, 694-701.

6 LIBS 技术在土壤环境风险预估中的应用

6.1 引言

石油工业作为现代生产生活的高需求资源，从原油的开采、运输到加工及后续处理都会产生大量的含油污泥。含油污泥中的有毒成分包括重金属、芳香烃、老化原油、细菌和少量放射性元素，已被列入《中国国家危险废物名录(2016 年版)》。重金属污染不同于有机化合物和细菌污染，具有隐蔽性、富集性和难降解性等特点。土壤中重金属含量超标，不仅会影响植物的光合作用和代谢强度，还会引起植物根系腐烂、叶片脱落，造成农作物污染，品质和产量下降。此外，重金属会在植物、动物体内逐渐积累，并借助食物链的富集效应危害人体骨骼、心血管、神经系统等。严重时会危及生态多样性和人类生命安全。因此，准确预测含油污泥中重金属造成的环境污染风险迫在眉睫，这将为环境污染预防和生态环境治理提供新的研究策略。土壤重金属污染通常是伴生污染或综合复合污染。因此，用单一污染因子评价土壤实际污染情况会导致结果不准确。含油污泥重金属污染风险指数(Nemerow 指数)是一种考虑极值或突出最大值的加权多因子环境质量指数，近年来被广泛应用于环境污染分析与评价。目前，还没有相关报道将其应用于含油污泥重金属环境污染风险指数的预测。

本章探讨了 LIBS 结合机器学习方法预测 Nemerow 指数的可行性，并提出了一种 MI-VIM 混合变量选择方法选择 LIBS 光谱的特征变量。首先，采集了 30 份样品并获得了其 LIBS 光谱。利用 XRF 检测含油污泥中四种重金属(Cu、Cr、Pb 和 Zn)的含量。在此基础上，结合 Nemerow 指数的计算方法，计算出上述含油污泥样品对应的 Nemerow 指数。在数据处理部分，首先，探讨了不同数据预处理方法对含油污泥 LIBS 数据的处理效果。其次，采用 MI 对预处理后的光谱数据进行初步变量筛选，然后采用 VIM 进一步筛选变量。在构建模型的过程中，利用 10 折交叉验证对光谱预处理方法、MI 阈值、VIM 阈值和参数进行了优化。比较了基于不同方法的 RF 的结果。最后，根据最佳模型参数和特征变量建立了优化的 RF 模型，用于预测含油污泥中重金属的 Nemerow 指数。

6.2 材料和方法

6.2.1 含油污泥样品

从中国陕西省延安市一家石油生产厂附近的土壤中采集了 30 个含油污泥样品。采集的样品均为杂质、含油污泥和土壤的固体混合物。为了便于后续分析，减少其他无关成分对实验的影响，对样品进行了如下处理：①用 CCl_4萃取含油污泥样品 5 次，去除其中的原油；②将脱油后的样品放入烘箱中烘干 10 h；③为去除含油污泥样品中的杂质，完善后续测试的准确性，将烘干后的含油污泥放入玛瑙研钵中进行研磨，研磨后的样品用 100 目筛网过筛。经过处理的待测样品呈细粉末状。含油污泥样品中 Cu、Cr、Pb 和 Zn 的参考值由 XRF 仪器(岛津，EDX-8000，日本)检测，波长检测范围为 70~750nm，镜头焦距为 500mm。每个样品重复测量三次，取三次测量结果的平均值计算含油污泥样品中重金属的 Nemerow 指数，如表 6-1 所示。从 30 组含油污泥样品中各取 3 g，用于后续实验。

表 6-1　含油污泥样品重金属元素的质量分数和 Nemerow 指数　　%

序号	Cu	Zn	Cr	Pb	Nemerow 指数②
1	0.0520	0.0263	0.0430	0.0203	0.8550
2①	0.0710	0.0327	0.0617	0.0400	1.1793
3	0.0907	0.0393	0.0763	0.0623	1.5177
4	0.1083	0.0447	0.0857	0.0813	1.8178
5①	0.1220	0.0477	0.0987	0.0897	2.0446
6	0.1337	0.0510	0.1130	0.1080	2.2583
7①	0.1617	0.0567	0.1403	0.1283	2.7270
8	0.1697	0.0617	0.1437	0.1620	2.9096
9	0.1827	0.0653	0.167	0.1513	3.0979
10	0.1993	0.0697	0.1817	0.1713	3.3890
11①	0.2213	0.0730	0.2215	0.1850	3.7658
12	0.239	0.0787	0.2385	0.0787	3.9197

续表

序号	Cu	Zn	Cr	Pb	Nemerow 指数②
13	0. 2587	0. 0860	0. 2347	0. 2213	4. 3942
14①	0. 2543	0. 0837	0. 2493	0. 2270	4. 3488
15	0. 2707	0. 0873	0. 2447	0. 2390	4. 6093
16	0. 2850	0. 0960	0. 2860	0. 2633	4. 8960
17①	0. 3127	0. 1000	0. 2930	0. 2760	5. 3309
18	0. 3087	0. 1073	0. 2993	0. 3010	5. 3276
19	0. 3617	0. 1170	0. 3557	0. 3233	6. 1860
20①	0. 3847	0. 1247	0. 3287	0. 3383	6. 5360
21	0. 3893	0. 1287	0. 3500	0. 3577	6. 6547
22	0. 4030	0. 1297	0. 3470	0. 3673	6. 8717
23①	0. 4247	0. 1363	0. 3640	0. 3813	7. 2299
24	0. 4430	0. 1403	0. 3870	0. 3923	7. 5353
25	0. 4530	0. 1397	0. 3970	0. 4090	7. 7187
26①	0. 4910	0. 1453	0. 4520	0. 4357	8. 3639
27	0. 4963	0. 1503	0. 4330	0. 4503	8. 4581
28	0. 5077	0. 1527	0. 4253	0. 4673	8. 6532
29①	0. 5213	0. 1573	0. 4393	0. 4787	8. 8847
30	0. 5470	0. 1610	0. 4617	0. 5006	9. 3182

①系指在数据处理过程中将带有编号的样本划分为预测集，其他样本为校准集。

②系指 Nemerow 指数的计算方法见第 6. 2. 2 节。

6. 2. 2 Nemerow 指数

Nemerow 指数是一种常用的环境质量综合评价指数。考虑单因子污染指数的平均值和最大值，可以突出重金属污染物对土壤系统的影响。Nemerow 指数的计算方法如式(6-1)所示：

$$P_n = \sqrt{\frac{(C_i/S_i)^2_{max} + (C_i/S_i)^2_{ave}}{2}} \tag{6-1}$$

式中，P_n 为 Nemerow(内梅罗污染)指数；C_i 为待测样品中金属元素 i 的实测质量分数；S_i 为金属元素 i 的评价标准(根据目标土壤的 pH 值，选取《土壤环境质量标准》(GB 15618—2018)二级标准中对应的 S_i 值。$(C_i/S_i)^2_{max}$ 为单项污染指数最大值；$(C_i/S_i)^2_{ave}$为单项污染指数平均值。

为全面研究采样区域含油污泥重金属污染情况，便于后期正确规划土地利用。采用 pH 试纸法测定了处理后的 30 块含油污泥的 pH 值。结果显示，30 个样本的 pH 值在 6.5～7.5 之间，属于中性土壤。参照《土壤环境质量标准》(GB 15618—2018)中的土壤环境质量标准值，得出工业土壤环境标准值在 6.5～7.5 之间，其中 Cu 为 500mg/kg，Zn 为 700mg/kg，Cr 为 1000mg/kg，Pb 为 600mg/kg。根据 Nemerow 指数，土壤综合污染程度分级标准分为五个等级：Ⅰ安全线($P_n \leq 0.7$)；Ⅱ危险线($0.7 < P_n \leq 1.0$)；Ⅲ轻度污染($1.0 < P_n \leq 2.0$)；Ⅳ相对严重污染($2.0 < P_n \leq 3.0$)；Ⅴ严重污染($P_n > 3.0$)。

6.2.3 LIBS 光谱的采集

本研究中含油污泥样品的 LIBS 光谱采集装置由本实验室自行研制，如图 6-1 所示。该装置的激光器为 Nd：YAG 激光器(DAWA300，北京雷宝光电科技有限公司)，激光波长为 1064nm，脉宽为 5ns，重复频率为 5Hz，持续时间为 8ns。激光束通过焦距为 100mm 的石英透镜聚焦在含油污泥样品的表层。此时，含油污泥样品瞬间气化，产生大量等离子体，然后等离子体被传输到光谱仪(MX2500+，美国海洋光学公司)，其波长检测范围 200～500nm，仪器分辨率为 0.07nm，栅宽为 1ms，探测器延迟时间为 3.5μs。在采集 LIBS 光谱之前，使用汞-砷灯校正 LIBS 谱的波长并优化激光能量。LIBS 光谱采集参数设置、触发开关和数据采集均由 Ocean Optics 公司的软件 MAXLIBS 控制。

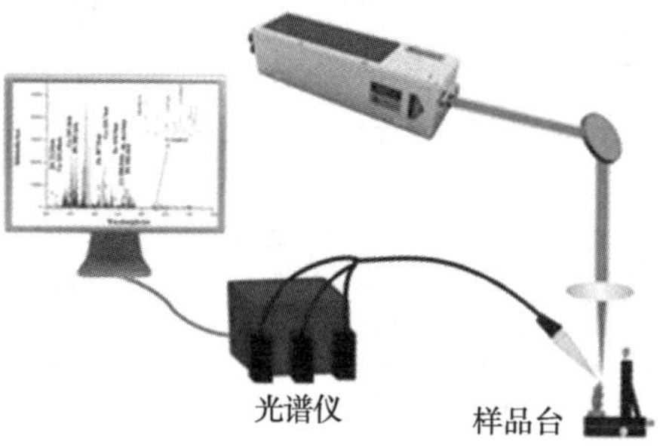

图 6-1　LIBS 装置示意图

在采集 LIBS 图谱之前，使用压片机(PC-24，中国品创技术有限公司)在 28 MPa 的压力下将每组粉末样品压制成片剂，时间为 5min。30 个含油污泥土壤样品共制备了 30 个压片(每组 1 片)。将压片分别置于 X-Y-Z 手动调节平台上，在常温常压下进行 LIBS 图谱采集。为确保样品采集的均匀性和稳定性，在每个样品表面随机选取 30 个采样点。每个点累积 10 个激光脉冲，共获得 900 个光谱数据。

6.2.4 互信息变量选择

MI 是用来衡量两个随机变量之间相互依存关系的指标。一般来说，两个变量之间的 *MI* 可按下式计算：

$$MI(X;\ Y) = \sum_{y \in Y} \sum_{x \in X} p(x,\ y) \log\left(\frac{p(x,\ y)}{p(x)p(y)}\right) \tag{6-2}$$

式中，$p(x,\ y)$ 为待计算的两个变量之间的联合概率密度函数；$p(x)$ 和 $p(y)$ 分别为上述变量的边际概率密度函数。两个变量之间的 *MI* 值越大，说明两个变量之间的相关性越高。如果两个变量之间的 *MI* 值为 0，则表示两个变量完全独立。

本文使用 *MI* 作为筛选含油污泥 LIBS 光谱数据的指标。方法步骤如下：①初始变量和阈值的选择（本文选择初始变量为 1，选择阈值如表 6-2 所示）；②计算初始变量与其他变量之间的 *MI* 值；③根据初始阈值剔除变量（保留 *MI* 值小于阈值的变量）；④选择新的初始变量（*MI* 值最大的变量），并计算其与其他变量之间的 *MI* 值；⑤重复步骤 2、3 和 4，直到所选变量符合要求。

6.2.5 基于 RF 的混合变量选择策略

提出了一种基于 *MI*、*VIM* 和 *RF* 的混合变量选择策略预测含油污泥的 Nemerow 指数。从理论上讲，*MI* 是一种用于描述两个特征之间相关性的统计方法，包含了相关性的所有信息，而不仅仅是线性相关。首先，利用 *MI* 对 LIBS 光谱进行初步过滤。其次，根据上一步得到的变量对模型的贡献程度，使用基于 *RF* 的 *VIM* 进一步剔除，使得到的特征变量更具代表性。该过程的研究思路如图 6-2 所示：首先，对 LIBS 光谱进行预处理。其次，利用 Kennard-Stone（KS）算法将数据矩阵按 2 比 1 的比例分为校准集和预测集。在提取 LIBS 光谱的特征变量时，使用 *MI* 进行初步筛选，并在此基础上使用 *VIM* 进行再次筛选。最后，将筛选出的特征变量用于构建 RF 模型。在模型优化过程中，采用 RMSE 和 R^2 作为模型性能评价指标。

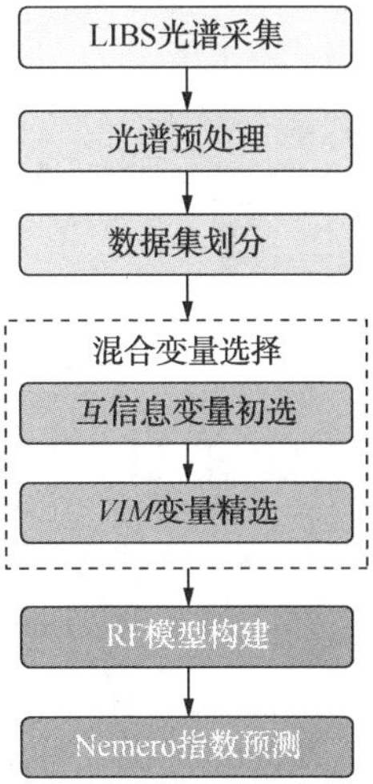

图 6-2 基于 LIBS 和 MI-VIM-RF 策略的含油污泥 Nemerow 指数预测

6.3 土壤环境风险预估模型构建

6.3.1 含油污泥 LIBS 光谱分析

在根据含油污泥样品的 LIBS 光谱构建 RF 模型之前，有必要确定 Cu、Cr、Pb 和 Zn 的特征线。因此，通过美国国家标准与技术研究院（NIST）的数据库确定了含油污泥样品 LIBS 光谱中这四种元素的特征线。图 6-3 显示了 1#样品在 200~500nm 光谱范围内的 LIBS 光谱。从图 6-3 中可以看出，一些元素的发射谱线强度很低，如 Cu I 223.3nm、Cr I 427.4nm 和 Pb I 280.1nm。造成这种现象的原因可能是样品化学成分的复杂性、噪声信号的干扰以及 LIBS 测量实验条件的不稳定。此外，还会导致 LIBS 光谱数据出现谱峰重叠、背景干扰和矩阵效应。

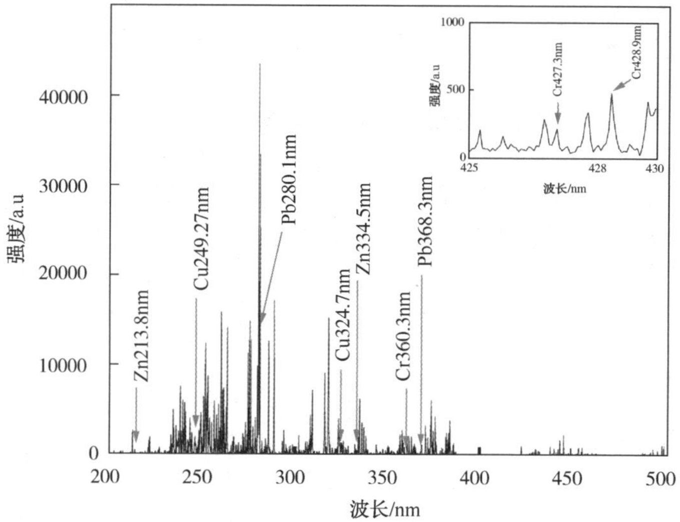

图 6-3　1#含油污泥样品的 LIBS 光谱

因此，样品中上述元素的光谱强度很可能会受到基质效应和谱线重叠等因素的影响，从而导致分析性能下降。因此，亟须对原始 LIBS 图谱进行预处理，以尽可能消除实验仪器、采集过程和样品本身产生的干扰因素，从而充分利用 LIBS 图谱中的有效信息。

6.3.2 预处理方法的选择

本部分探讨了五种预处理方法对含油污泥 LIBS 光谱数据的处理效果，包括归一化(Nor)、多元散射校正(MSC)、一阶导(D1st)、二阶导(D2nd)和小 WT。这里使用的归一化方法是基于最大 LIBS 光谱强度的归一化方法。D1st 和 D2 nd 方法的平滑点优化范围为 3~35(每个奇数点)。在 WT 中，分解级数为 1、2、3、4、5、6 和 7，小波基函数为 db1、db2、db3、db4、db5、coif1、coif2、coif3、coif4、coif5，采用 10 折交叉验证对上述方法的参数进行优化。在此，D1st 方法和 D2nd 方法的最佳平滑点分别为 25 和 17。通过上述方法分别处理 LIBS 光谱数据。然后，根据处理后的光谱数据构建 RF 模型。从图 6-4 可以看出，经过 Nor、MSC 和 WT 处理后，模型的 CV 结果有所下降。虽然经过 WT 处理后，预测集的预测结果有所改善，但这种方法不能用于 LIBS 光谱数据的处理，因为其结果可能是由模型的过度拟合造成的。与基于原始 LIBS 光谱数据的 RF 相比，基于 D1st 和 D2nd 的 RF 模型的性能有所改善，无论是 CV 还是预测集的预测性能都有所提高，这证明导数法更适合于本研究中对 LIBS 数据的处理。此外，在这些模型中，基于 D1st 的 RF 的预测结果最好。与基于 LIBS 原始光谱的 RF 相比，基于 D1st 的 RF 具有更好的预测性能，其中 R^2cv 从 0.9572 上升到 0.9620，RMSECV 从 1.0463 下降到 0.9592，R^2_P 从 0.9564 上升到 0.9689，RMSEP 从 0.7920 下降到 0.6246。因此，选择 D1st 作为含油污泥 LIBS 光谱数据的预处理方法。

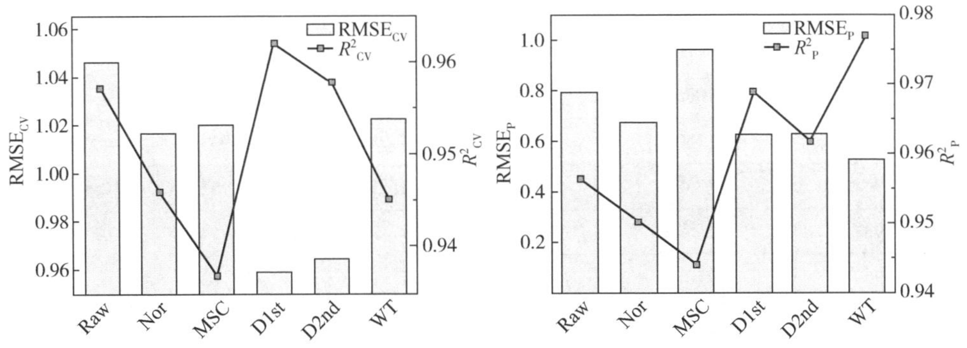

图 6-4　基于不同预处理方法的 RF 预测结果比较

6.3.3 LIBS 光谱特征变量选择

预处理后的光谱数据变量数量没有变化，仍为 5805 个。这些变量不仅包括建模所需的有效信息，还包括大量无效信息或噪声信息。如果直接利用 LIBS 的全光谱构建模型，会降低模型的预测精度，增加建模时间。因此，在构建模型之前必须对模型的输入变量进行过滤，以确保模型构建的效率。如引言部分所述，过滤变量选择法虽然速度快，但所选变量并不准确。换句话说，选择精度不够。封装变量选择法虽然更容易选出更有代表性的特征变量，但往往需要大量的操作时间。因此，本文提出了一种 *MI-VIM* 混合变量选择方法。

6.3.3.1 基于 *MI* 的变量初步筛选

表 6-3 给出了基于不同阈值 *MI* 的 RF 模型的预测结果。如表 6-3 所示，当 *MI* 的阈值逐渐减小时，入选特征变量的数量也逐渐减少，相应的 RF 模型的预测结果也逐渐变差。当阈值设置为 0.99 时，过滤变量的数量为 3794 个。此时，RF 模型的 R_{CV}^2 为 0.9616，RMSECV 为 0.9459，R_p^2 为 0.9658，RMSEP 为 0.7138。与未选择 *MI* 特征变量的 RF 模型相比，该结果的预测性能略有下降，这在实际应用中可以忽略不计。但变量数从 5805 个减少到 3794 个，将大大缩短建模时间，更适合实际应用中分析速度的需要。因此，*MI* 的阈值选择为 0.99。

表 6-3 基于 *MI* 的 RF 模型预测结果比较

阈值	保留变量数目	10 折交叉验证		预测集	
		R_{CV}^2	$RMSE_{CV}$	R_p^2	$RMSE_p$
0.72	502	0.8487	1.8999	0.9329	1.2899
0.75	605	0.8598	1.8895	0.9490	1.2551
0.78	714	0.8608	1.8643	0.9548	1.2375
0.81	863	0.8964	1.7359	0.9582	1.1651
0.84	1000	0.9244	1.6312	0.9593	1.1534
0.87	1150	0.9204	1.5211	0.9357	1.0876
0.90	1350	0.9384	1.3949	0.9515	0.9952
0.93	1652	0.9416	1.3034	0.9540	0.9321
0.96	2161	0.9528	1.1413	0.9622	0.7905
0.99	3794	0.9616	0.9459	0.9658	0.7138
—①	5805	0.9620	0.9592	0.9689	0.6246

①—表示 *MI* 不用于特征变量筛选。

6.3.3.2 基于 *MI-VIM* 的变量筛选

在 *MI* 初步筛选出的变量基础上，使用 *VIM* 进一步筛选特征变量。在使用

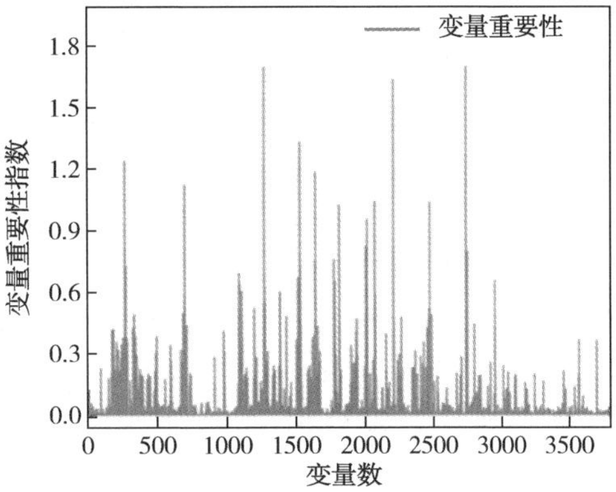

图 6-5 *MI* 筛选变量的变量重要性关系图

VIM 进行变量筛选之前，需要计算每个输入变量的变量重要性指数，即每个变量对 RF 模型预测性能的贡献值。图 6-5 展示了经 *MI* 筛选后的变量重要性值。不同变量对 RF 的贡献不同。变量的贡献越大，变量的重要性越高。反之，则表明变量对 RF 的贡献很小。从图 6-5 中可以看出，当设置不同的变量重要性阈值时，低于该阈值的变量可以删除，而变量重要性高于该阈值的特征变量可以保留。因此，下文将对变量重要性阈值进行优化，以获得一些更具代表性的特征变量，从而提高 RF 模型的预测性能。

表 6-4 给出了基于不同 *VIM* 阈值的 RF 模型的预测结果。如表 6-4 所示，随着变量重要性阈值的增加，被筛选变量的数量也在减少。随着阈值的增大，RF 的性能先增大后减小。通过比较不同阈值下 RF 的性能可以看出，当阈值设为 0.08 时，模型的预测性能最好，R^2_{CV}为 0.9694，$RMSE_{CV}$为 0.7787，R^2_P为 0.9681，RMSEP 为 0.6009，特征变量数为 323。

表 6-4 基于 *VIM* 的 RF 模型的预测结果比较

阈值	保留变量数目	10 折交叉验证		预测集	
		R^2_{CV}	$RMSE_{CV}$	R^2_p	$RMSE_p$
0	1571	0.9606	0.9159	0.9535	0.7138
0.0004	1529	0.9626	0.9138	0.9649	0.6736
0.0008	1498	0.9623	0.9005	0.9577	0.7216
0.002	1360	0.9665	0.8609	0.9641	0.9332
0.004	1200	0.9652	0.8703	0.9572	0.6809
0.006	1103	0.9660	0.8623	0.9621	0.6715
0.008	1020	0.9669	0.8524	0.9641	0.6243
0.02	730	0.9671	0.8204	0.9594	0.6649
0.04	453	0.9685	0.7897	0.9687	0.6357
0.06	343	0.9679	0.7680	0.9674	0.6014

续表

阈值	保留变量数目	10 折交叉验证		预测集	
		R_{CV}^2	$RMSE_{CV}$	R_p^2	$RMSE_p$
0.08	323	0.9694	0.7787	0.9681	0.6009
0.6	28	0.9258	0.9865	0.9366	0.7104
0.8	13	0.9068	1.0739	0.9091	0.8122

6.3.4 模型性能比较

为了进一步证明 MI-VIM-RF 模型的预测性能，根据不同的输入变量构建了三个 RF 模型，包括 Raw-RF、MI-RF 和 VIM-RF。表 6-5 显示，与 Raw-RF 模型相比，除 VIM-RF 模型的 R_{cv}^2 值外，其他模型在模型本身的鲁棒性方面都有所提高，这说明预处理方法和特征变量选择对提高基于 LIBS 的 RF 的性能起到了积极作用。比较了 MI-VIM-RF 与其他模型的预测性能(交叉验证、内部自验证、预测集、建模时间和剩余变量数)。综合考虑各种因素，可以看出 MI-VIM-RF 模型的预测性能更理想。与 Raw-RF 模型相比，R_{CV}^2 从 0.9572 提高到 0.9694，$RMSE_{CV}$ 从 1.0463 下降到 0.7787，R_P^2 从 0.9564 提高到 0.9681，RMSEP 从 0.7920 下降到 0.6009，建模时间从 103.1s 下降到 16.7s。图 6-6 显示了基于不同变量选择方法的定标模型对含油污泥 Nemerow 指数的预测性能。不仅比较了一些单一变量选择方法，还包括与之相似的 V-WSP-VIM-RF 变量选择方法。此外，还比较了该方法与不同校准模型的组合。结果表明，MI-VIM-RF 比其他模型具有更好的预测性能。总之，LIBS 与 MI-VIM-RF 的结合是预测含油污泥中重金属 Nemerow 环境风险指数的一种可行方法。

表 6-5 基于不同变量的 RF 模型的预测结果比较

模型	校正集		10 折交叉验证		预测集		建模时间/s	变量数目
	R_c^2	$RMSE_c$	R_{cv}^2	$RMSE_{cv}$	R_p^2	$RMSE_p$		
Raw-RF	0.9899	0.4063	0.9572	1.0463	0.9564	0.7920	103.1	5805
MI-RF	0.9887	0.3942	0.9616	0.9459	0.9556	0.7057	82.5	3794
VIM-RF	0.9816	0.3973	0.9471	0.8750	0.9598	0.5921	3.0	68
MI-VIM-RF	0.9890	0.3458	0.9694	0.7787	0.9681	0.6009	16.7	323

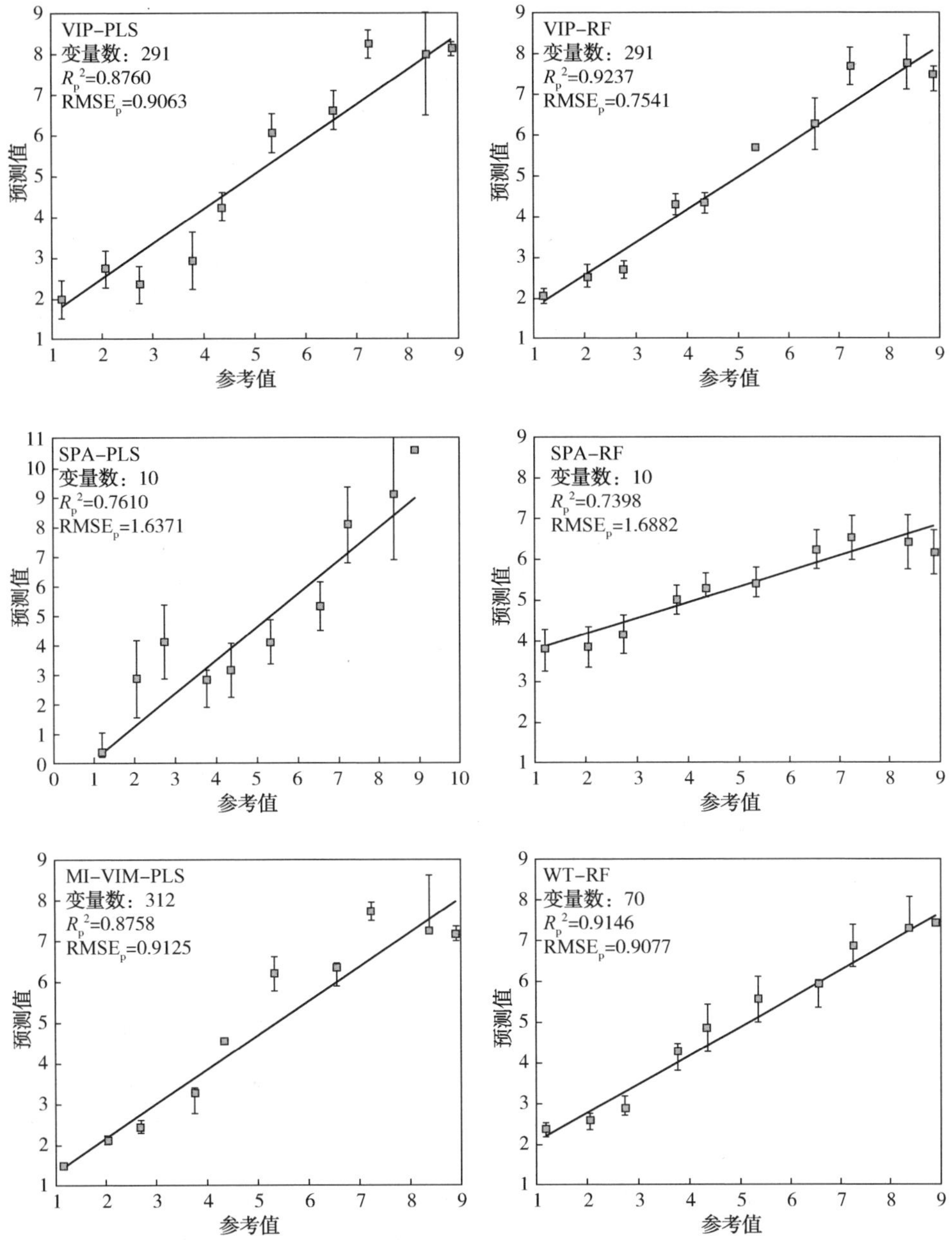

图 6-6 不同校准模型对含油污泥 Nemerow 环境风险指数的预测结果

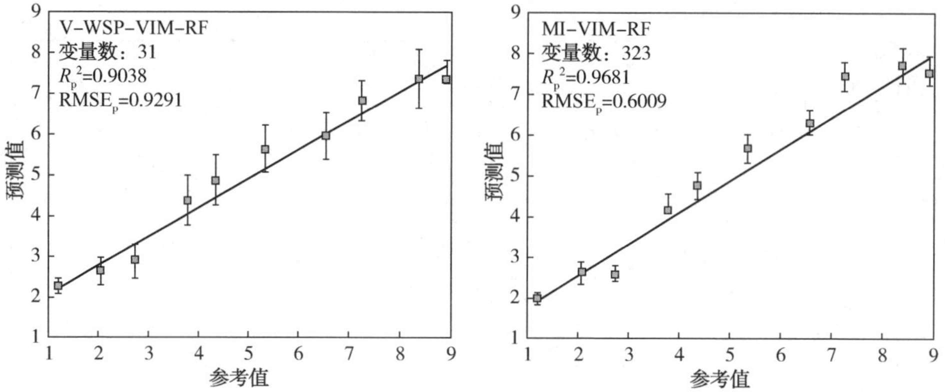

图 6-6　不同校准模型对含油污泥 Nemerow 环境风险指数的预测结果(续)

6.4　本章小节

预测含油污泥中重金属的环境污染风险水平对石油工业的环境污染防范和生态环境治理具有重要的科学意义。本章基于 LIBS 和机器学习方法，成功提出了油污泥中重金属环境污染风险等级预测策略。研究获得了 30 个含油污泥样品的 LIBS 光谱数据，并计算了相应的 Nemerow 指数。在 MI、VIM 和 RF 算法的基础上，提出了一种名为 MI-VIM-RF 的 LIBS 光谱混合变量选择策略，并将其应用于含油污泥中重金属的 Nemerow 指数预测。首先，利用 *MI* 对含油污泥的 LIBS 光谱数据进行初步筛选，然后利用 VIM 对得到的变量进行进一步的精细筛选。其次，根据最终得到的特征变量，构建了用于预测含油污泥 Nemerow 指数的优化 RF 模型。结果表明，LIBS 和 MI-VIM-RF 组合是预测含油污泥中重金属 Nemerow 指数的可行方法，R_P^2为 0. 9681，RMSEP 为 0. 6009，建模时间为 16. 7s。

参　考　文　献

[1] Duan Y, Gao N, Sipra A T, et al. Characterization of heavy metals and oil components in the products of oily sludge after hydrothermal treatment[J]. Journal of Hazardous Materials, 2022, 424, 127293.

[2] Wan G, Bei L, Yu J, et al. Products distribution and hazardous elements migration during pyrolysis of oily sludge from the oil refining process[J]. Chemosphere, 2022, 288, 132524.

[3] Chen X, Zhang Y, Xu B, et al. A simple model for estimation of higher heating value of oily sludge[J]. Energy, 2022, 239, 121921.

[4] Shi Y, Liu M, Li J, et al. The dosage-effect of biochar on anaerobic digestion under the sup-

pression of oily sludge: performance variation, microbial community succession and potential detoxification mechanisms[J]. Journal of Hazardous Materials, 2022, 421, 126819.

[5] Cerqueira V S, Hollenbach E B, Maboni F, et al. Biodegradation potential of oily sludge by pure and mixed bacterial cultures[J]. Bioresource Technology, 2011, 102(23), 11003-11010.

[6] Zhang H, Wang Z, Zhang Y, et al. Identification of traffic-related metals and the effects of different environments on their enrichment in roadside soils along the Qinghai-Tibet highway[J]. Science of the Total Environment, 2015, 521-522, 160-172.

[7] Zhang C, Yang Y, Li W, et al. Spatial distribution and ecological risk assessment of trace metals in urban soils in Wuhan, central China[J]. Environmental Monitoring and Assessment, 2015, 187, 556.

[8] Yan P, Lu M, Yang Q, et al. Oil recovery from refinery oily sludge using a rhamnolipid biosurfactant-producing[J]. Pseudomonas Bioresource Technology, 2012, 116, 24-28.

[9] Jasmine J, Mukherji S. Characterization of oily sludge from a refinery and biodegradability assessment using various hydrocarbon degrading strains and reconstituted consortia[J]. Journal of Environmental Management, 2015, 149, 118-125.

[10] Wang T, Jiao L, Yan C, et al. Simultaneous quantitative analysis of four metal elements in oily sludge by laser induced breakdown spectroscopy coupled with wavelet transform-random forest (WT-RF)[J]. Chemometrics and Intelligent Laboratory systems, 2019, 194, 103854.

[11] Liu B, Song W, Wu H, et al. Enhanced oxidative degradation of norfloxacin using peroxymonosulfate activated by oily sludge carbon-based nanoparticles $CoFe_2O_4$/OSC[J]. Chemical Engineering Journal, 2020, 400, 125947.

[12] Pereira L, Maranhão T A, Frescuraa V L A, et al. Multivariate assessment of extraction conditions for the fractionation analysis of mercury in oily sludge samples using cold vapor atomic fluorescence spectrometry[J]. Journal of Analytical Atomic Spectrometry, 2019, 34, 1932-1941.

[13] Salvador G, SouzaSoares B, Borges D L G. Nickel determination in oily sludge leachates using isotope dilution inductively coupled plasma mass spectrometry following photochemical vapor generation: A feasibility study[J]. Microchemical Journal, 2018, 141, 301-307.

[14] Fortes F J, Laserna J J. The development of fieldable laser-induced breakdown spectrometer: no limits on the horizon[J]. Spectrochimica Acta Part B: Atomic Spectroscopy, 2010, 65(12), 975-990.

[15] Zhang T, Wu S, Dong J, et al. Quantitative and classification analysis of slag samples by laser induced breakdown spectroscopy (LIBS) coupled with support vector machine (SVM) and partial least square (PLS) methods[J]. Journal of Analytical Atomic Spectrometry, 2015, 30, 368-374.

[16] Cremers D A, Chinni R C. Laser-induced breakdown spectroscopy-capabilities and limitations [J]. Applied Spectroscopy Reviews, 2009, 44, 457-506.

[17] Zhang Y, Zhang T, Li H. Application of laser-induced breakdown spectroscopy (LIBS) in envi-

ronmental monitoring [J]. Spectrochimica Acta Part B: Atomic Spectroscopy, 2021, 181, 106218.

[18] Zhao M, Yan C, Feng Y, et al. A novel strategy for quantitative analysis of soil pH via laser-induced breakdown spectroscopy coupled with random forest[J]. Plasma Science Technology, 2020, 22(7), 074003.

[19] Cortez J, Pasquini C. Ring-oven based preconcentration technique for microanalysis: simultaneous determination of Na, Fe, and Cu in fuel ethanol by laser induced breakdown spectroscopy [J]. Analytical Chemistry, 2013, 85(3), 1547-1554.

[20] Fu Y T, Hou Z Y, Deguchi Y, et al. From big to strong: growth of the asian laser-induced breakdown spectroscopy community[J]. Plasma Science Technology, 2019, 21(3), 030101.

[21] Zhang T L, Tang H S, Li H. Chemometrics in laser-induced breakdown spectroscopy[J]. J Journal of Chemometrics, 2018, 32(11), e2983.

[22] Breiman L, Random forests[J]. Machine Learning, 2001, 45(1), 5-32.

[23] Li M, Feng Y, Yu Y, et al. Quantitative analysis of polycyclic aromatic hydrocarbons in soil by infrared spectroscopy combined with hybrid variable selection strategy and partial least squares [J]. Spectrochimica Acta Part A: Molecular and Biomolecular Spectroscopy, 2021, 257, 119771.

[24] Li M, Xu Y, Men J, et al. Hybrid variable selection strategy coupled with random forest(RF) for quantitative analysis of methanol in methanol-gasoline via raman spectroscopy[J]. Spectrochimica Acta Part A: Molecular and Biomolecular Spectroscopy, 2021, 251, 119430.

[25] Yan C, Zhang T, Sun Y, et al. A hybrid variable selection method based on wavelet transform and mean impact value for calorific value determination of coal using laser-induced breakdown spectroscopy and kernel extreme learning machine[J]. Spectrochimica Acta Part B: Atomic Spectroscopy, 2019, 154, 75-81.

[26] Ding Y, Zhang W, Zhao X, et al. A hybrid random forest method fusing wavelet transform and variable importance for the quantitative analysis of K in potassic salt ore using laser-induced breakdown spectroscopy[J]. Journal of Analytical Atomic Spectrometry, 2020, 35, 1131-1138.

[27] He T, Liang J, Tang H, et al. Quantitative analysis of coal quality by mutual information-particle swarm optimization(MI-PSO) hybrid variable selection method coupled with spectral fusion strategy of laser-induced breakdown spectroscopy(LIBS) and fourier transform infrared spectroscopy(FTIR)[J]. Spectrochimica Acta Part B: Atomic Spectroscopy, 2021, 178, 106112.

[28] Tang H, Zhang T, Yang X, et al. Classification of different types of slag samples by laser-induced breakdown spectroscopy(LIBS) coupled with random forest based on variable importance (VIRF)[J]. Analytical Methods, 2015, 7, 9171-9176.

7　LIBS 技术在大气沉降颗粒物重金属定量分析中的应用

7.1　引言

重金属元素作为一种潜在的永久性无机污染物，其生物累积性强、环境危害性大，已成为当今研究的热点问题之一。重金属会随着颗粒物的沉降，以不同的形式进入水体和地表，通过各种食物链被人体吸收，对人体健康造成极大威胁，而大气沉降中长期累积的有机物多环芳烃，可被微生物群落迅速降解。因此，分析大气中金属元素的含量、污染区域和潜在污染风险具有重要意义。

传统的金属元素分析技术有电感耦合等离子体光谱法、X 射线荧光光谱法和原子吸收光谱法，然而这些技术无法克服样品前处理复杂和分析速度慢等难题。LIBS 光谱作为一种原子发射光谱技术，具有快速、多元素同时分析、无须复杂样品预处理、无损分析以及原位分析等特点。由于每个元素在 LIBS 光谱中都有其一系列发射谱线，因此可以通过元素在样品中的含量与其 LIBS 特征峰强度的关系完成大气沉降中金属的定量分析。然而，由于复杂样品表面的不均匀性以及基质效应的影响，传统的单变量方法不能够完全展现 LIBS 光谱强度与元素含量之间的关系。因此，为了提高 LIBS 光谱对未知大气沉降样品定量分析的准确性，发展基于 LIBS 技术与多元分析结合的方法是十分有必要的。

本章以西安市大气沉降中金属种类及含量作为研究对象，建立了基于 LIBS 技术结合 RF 和最小二乘支持向量机（LSSVM）的大气沉降中金属元素快速定量分析方法。考察了最大强度归一化、小波变换和一阶导数等预处理方法及预处理方法参数对 16 个地点的大气沉降样品中四种金属元素（Pb、Cu、Zn 和 Al）LIBS 光谱信号的影响。建立以最佳预处理光谱为输入变量的 RF、LSSVM 和 PLS 校正模型，并对这三种校正模型及单变量校准方法的预测性能进行比较，得到最优校正模型。

7.2 材料和方法

7.2.1 样品采集

从2018年10月到2019年3月，利用集尘缸收集了西安16个不同地区的大气沉降颗粒物样本(9个位于住宅区，7个位于交通区)。每个月收集两次大气沉降颗粒物。集尘缸的高30cm，直径为15cm。首先，集尘缸在放至采样点之前，需加入乙二醇60mL占满缸底，加水50mL后，罩上塑料袋。其次，集尘缸放至采样点再将塑料袋取下，开始收集样品。再次，记录放缸地点、缸号、时间。最后，将采集的样品合并后测定。测量降尘总量时首先用镊子将缸内的树叶、昆虫等异物取出，将缸内溶液和尘粒全部转入500mL烧杯中，加热浓缩烘干后称量至恒重。将大气沉降颗粒物研磨后通过200目筛网，以保持样品的均匀性，并通过X射线荧光仪(Shimadzu，EDX-8000，Japan，波长范围：70~750nm，焦距：500mm)获得16个大气沉降样品中4种金属元素的参考质量分数(表7-1)。

表7-1　16个大气沉降样品中4种金属元素的参考质量分数 %

样品序号	样品位置	Cu	Al	Zn	Pb
1#	西北大学	0.104	9.319	0.269	0.064
2#	西安建筑科技大学	0.115	9.797	0.194	0.078
3#①	西北工业大学	0.072	9.926	0.096	0.029
4#	西安电子科技大学	0.082	11.233	0.133	0.028
5#	西安理工大学	0.096	9.753	0.154	0.043
6#①	长安大学	0.122	9.095	0.279	0.063
7#	西安工程大学	0.119	9.631	0.220	0.091
8#	西安科技大学	0.028	8.342	0.059	0.017
9#①	西安交通大学	0.116	9.639	0.276	0.115
10#	太白路立交	0.198	10.580	0.219	0.056
11#	玉祥门	0.130	12.687	0.350	0.117

续表

样品序号	样品位置	Cu	Al	Zn	Pb
12#①	长安路立交	0.197	11.453	0.235	0.068
13#	朝阳门	0.178	10.966	0.391	0.127
14#	含光门	0.097	10.219	0.294	0.163
15#①	太乙路立交	0.205	10.510	0.205	0.156
16#	劳动南路	0.144	10.204	0.425	0.114

①系指预测集样本。

7.2.2 LIBS 光谱采集

本章实验所用的激光器为 Nd：YAG(Dawa-300，北京镭宝光电技术有限公司，中国)，波长为1064nm，脉冲能量 80mJ，脉冲宽度 10ns，脉冲重复频率为 5 Hz。称取 2 g 粉末样品，利用 FW-4/4A 型粉末压片机和不锈钢模具将其压制成片，得到 φ20mm×2mm 的圆片。样品直接放置在 X-Y-Z 手动测微台上，然后使用 LIBS 进行测量。激光束(光束直径：200μm)通过一个直径为 50mm 聚透镜聚焦到样品表面产生等离子体。等离子体发射的光通过一个与激光束成 45°角的透镜进行收集，然后通过光纤传入光谱仪(LIBS2500-3PLUS，Ocean Optics，USA)，光谱信号运用一个 CCD 相机进行检测。实验延迟时间为 1.5μs，门宽为 2ms。光谱仪波长范围：200~550nm，分辨率：0.07nm。在实验过程中，16 个样品的总光谱数为 304(在每个样品表面不同位置随机采集 19 个光谱)。

定量分析时，随机选取 11 个压制好的样品(1#、2#、4#、5#、7#、8#、10#、11#、13#、14#和 16#)作为校正集(在每个样品表面随机不重点的采集 19 个光谱，11 个样品共采集 209 个光谱)。随机选取其余样品(3#、6#、9#、12#和 15#)作为测试集(共采集 95 个光谱)，验证其预测性能。

7.3 大气沉降颗粒物重金属定量分析模型构建

7.3.1 大气沉降颗粒物的 LIBS 光谱解析

16#样品的原始 LIBS 光谱如图 7-1 所示，并参考 NIST 数据库对大气沉降样品中的四种金属元素(Pb、Cu、Zn 和 Al)进行识别。其中 Pb(368.35nm 和 363.95nm)、Zn(334.50nm、472.22nm 和 481.05nm)、Cu(249.22nm、324.75nm 和 327.40nm)和 Al(308.21nm 和 309.27nm)的特征谱线较多。由图 7-1 可以看出，部分元素的光谱强度较低，如 Cu(324.75nm)和 Zn(472.22nm)，且 Al、Cu 和 Pb 周围存在很多干涉峰。这将导致定量和分类结果不准确，因此，为了获得更准确的分析结果，进行光谱预处理是获取复杂系统特征信息的必要步骤。

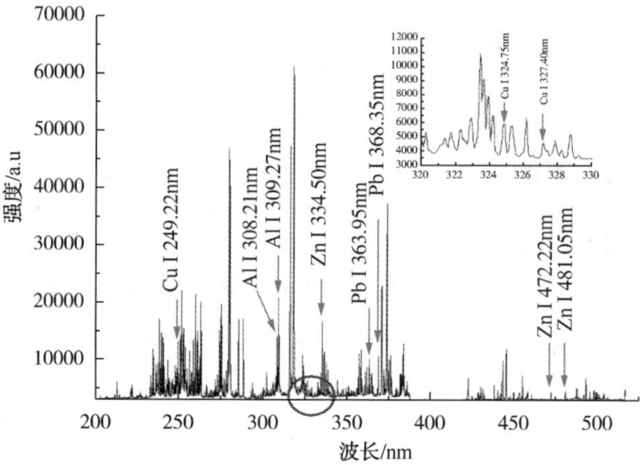

图 7-1　16#大气沉降样品的 LIBS 谱图

7.3.2　光谱预处理方法的选择与优化

在 LIBS 光谱采集过程中，由于仪器的工作条件和环境等原因，光谱中可能会存在基线漂移，除此之外还可能产生噪声、重叠峰等现象，这些都会影响定量分析结果的准确性。因此，在校正模型构建之前必须对 LIBS 光谱进行光谱预处理，以确保校正模型构建时可以获得较准确的预测性能。本实验采用的预处理方法包括最大强度归一化、一阶导数和小波变换。对于这些预处理方法，仅以默认参数值作为最优参数并不能得到最优的预处理结果，因此需要对这些预处理方法的参数进行优化。所以本实验需要对一阶导数(平滑点个数)和小波变换(分解层数和小波基函数- dbN)的参数进行优化。一阶导数的参数优化过程如图 7-2 所示。以 RMSE 和 R^2 为评价指标，由图 7-2 可以看出，随着平滑点数量的增加，R^2 先增加后减少。当光滑点为 9 时，R^2 最大，RMSE 最小。因此，选择平滑点数 9 作为一阶导数的最优参数。

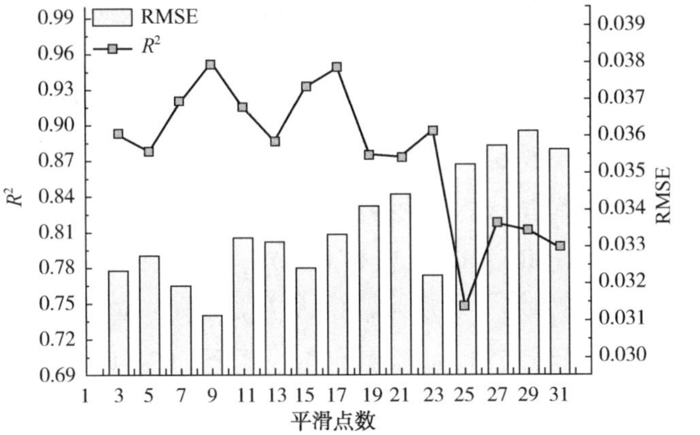

图 7-2 基于不同光滑点数的一阶导数作为输入变量对 RF 校正模型预测性能的影响

小波变换的参数优化过程如图 7-3 所示。结果表明，随着 dbN(Daubechies)的增大，R^2 的变化趋势为先减小后增大，最后再减小。当 dbN 为不变时，随着分解层数的增加，R^2 的变化趋势为先增大后减小。当分解层数和 dbN 分别为 2 和 db4 时，R^2 最大，而 RMSE 不是最小。当分解层数和 dbN 分别为 5 和 db4 时，RMSE 最小，R^2 却不是最大。而当分解层数和 dbN 分别为 6 和 db3 时，RMSE 较小，达到 0.0295，且 R^2 较大，达到 0.8699。综合考虑，选择 db3 和分解层数 6 作为小波变化的最优参数。

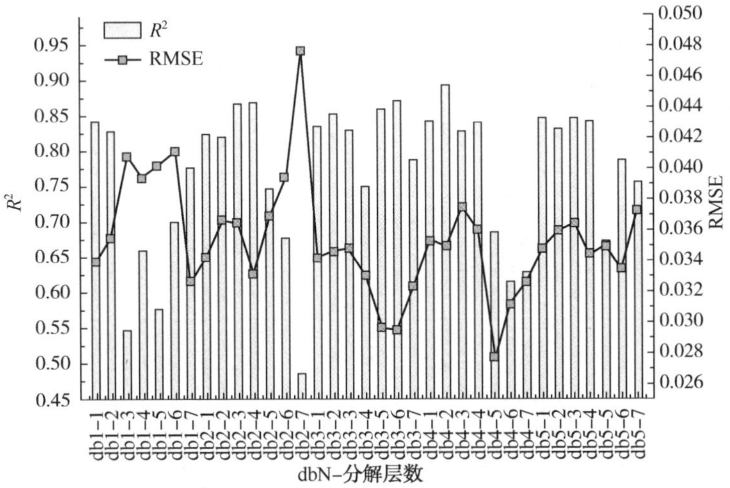

图 7-3 基于不同小波基(dbN)和小波分解层数的小波变换作为输入变量对 RF 校正模型预测性能的影响

对于大气沉降颗粒物中 Pb 元素的定量分析，RF 校正模型的优化参数 n_{tree} 和 m_{try} 分别为 500 和 1500。对于 LSSVM 校正模型，采用五折交叉验证的网格搜索(Grid Search，GS)方法优化的两个重要参数[径向基函数(RBF)-gam 和 sig^2 的核参数]分别为 1620 和 146516。通过五折交叉验证得到的 PLS 校正模型的最优潜变量数目为 11。然后将基于最优模型参数和光谱预处理方法的光谱作为输入变量，构建三种校正模型(RF、LSSVM 和 PLS)。将 R_{CV}^2 和 RMSECV 作为校正模型性能的评价标准，结果如表 7-2 所示。由表 7-2 可知，对于 Pb 的定量分析，RF 校正模型的最佳预处理方法为一阶导数，R_{CV}^2 和 RMSECV 分别为 0.9526 和 0.0105；LSSVM 校正模型的最佳预处理方法为一阶导数，R_{CV}^2 和 RMSECV 分别为 0.9520 和 0.0112；PLS 校正模型的最佳预处理方法为小波变换，R_{CV}^2 和 RMSECV 分别为 0.9193 和 0.0121。通过比较这三种校正模型的 R_{CV}^2 和 RMSECV 可知 Pb 的最优校正模型为基于一阶导数的 RF 校正模型。

表 7-2　基于 Pb 定量分析的不同校正模型五折交叉验证结果

校正模型	预处理方法	RMSECV	R_{CV}^2
RF	原始数据	0.0175	0.9125
	小波变化	0.0099	0.9228
	一阶导数	0.0105	0.9526
	最大强度归一化	0.0154	0.8955
LSSVM	原始数据	0.0167	0.7149
	小波变化	0.0095	0.9228
	一阶导数	0.0112	0.9520
	最大强度归一化	0.0184	0.6799
PLS	原始数据	0.0167	0.7149
	小波变化	0.0121	0.9193
	一阶导数	0.0208	0.7607
	最大强度归一化	0.0185	0.8095

其他三种元素(Zn、Cu 和 Al)的处理过程与 Pb 相同。首先通过比较三种校正模型的交叉验证结果以寻求其最优最稳定的校正模型；其次通过预测未知样品

验证最优模型的预测性能。三种金属元素的校正模型参数如表 7-3 所示。

表 7-3　Zn、Cu 和 Al 在不同校正模型下的最优模型参数

元素	模型				
	RF		PLS	LSSVM	
	n_{tree}	m_{try}	LV	gam	sig2
Zn	500	1500	11	2220	13378
Cu	500	1500	11	343061	3785
Al	500	1500	11	1864	6214

7.3.3　三种不同校正模型预测性能的验证

从表 7-2 交叉验证结果可以看出，对于 Pb 元素的定量分析，三种不同校正模型的 R^2 均达到 0.9 以上，模型较稳定，最优的校正模型为基于一阶导数的 RF 校正模型。需利用这些校正模型对未知样本进行预测，以进一步验证其预测能力。未知样本的预测结果如表 7-4 所示。RF 校正模型中 Pb 的参考值与预测值之间的线性系数大于 0.95，而 LSSVM 和 PLS 校正模型的 R^2 约为 0.90。RF、LSSVM 和 PLS 校正模型的 RMSEP 低于 0.05 且较接近。因此，Pb 元素的最佳校正模型是基于一阶导数的 RF 模型。预测未知样本的最佳模型与交叉验证的最佳模型一致。

表 7-4　采用最优预处理方法的三种校正模型的预测性能比较

最优校正模型	R^2p	RMSEP
1st derivative-RF	0.9500	0.0297
1st derivative-LSSVM	0.8125	0.0268
Wavelet transform-PLS	0.8884	0.0227

对于其他三种元素(Zn、Cu 和 Al)，三种校正模型对未知样品的预测性能比较如图 7-4 所示。可以看出，Zn 的最优校正是基于原始光谱的 LSSVM 模型，Cu 的最优校正模型是基于一阶导数的 RF 模型，Al 的最优校正模型是基于最大强度归一化的 RF 模型。由图 7-4 可以看出，预测集中 Pb、Zn、Cu 和 Al 四个元素均

具有良好的线性关系，R^2 分别为 0.9500、0.9769、0.9105 和 0.9610，RMSE 分别为 0.0297、0.1068 和 0.0201。其中 Al 的 RMSE 较高，因为城市大气沉降样品中 Al 的含量较高，导致 LIBS 光谱干扰较多。最终结果表明，预测未知样品的最佳校正模型也与交叉验证的最佳校正模型一致。

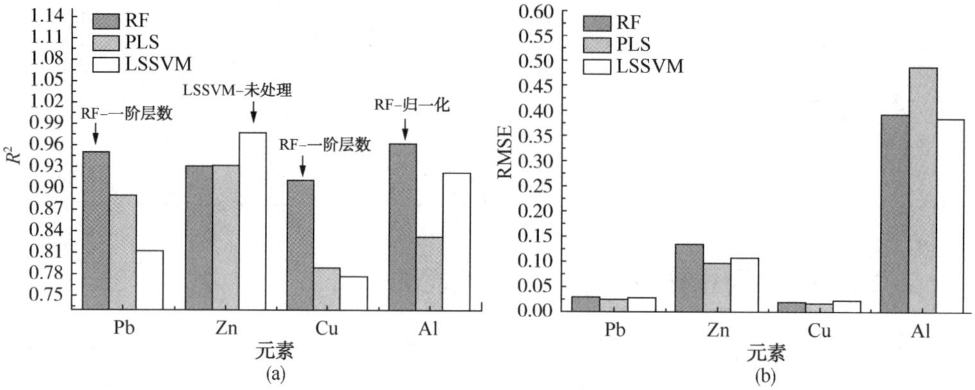

图 7-4　基于最优预处理方法的三种校正模型对四种金属的预测性能的影响

7.3.4　多变量方法与单变量方法的比较

LIBS 技术的定量分析方法主要有单变量法和多变量法。基于传统单变量方法的定量分析，可以使用单个特征线的强度和某一成分或元素相应的浓度进行分析。由于 LIBS 光谱强度易受激光能量波动、样品异质性和复杂基质效应的影响，导致光谱强度与浓度相关性较差，而多变量方法可从复杂 LIBS 光谱中提取最有效的特征信息。与单变量方法相比，多变量方法可以获得更好的分析结果。为了验证多变量方法更适合于结合 LIBS 技术用于大气沉降样品中分析复杂成分。本实验使用 11 个样品作为校正集，构建四种金属元素（Pb、Cu、Zn 和 Al）光谱强度与实测浓度的标准曲线，结果如图 7-5 所示。

将其余样品的 LIBS 光谱强度带入每个金属元素的标准曲线方程中，得到预测浓度，并将其与实际浓度进行比较。在此过程中，将相关性系数及均方根误差作为评价标准。结果如表 7-5 所示，四种元素单变量预测浓度与实测浓度的相关性均低于 0.9，均方根误差均大于多元校正方法的。通过以上研究结果确实表明多元校正结果优于单变量校正。

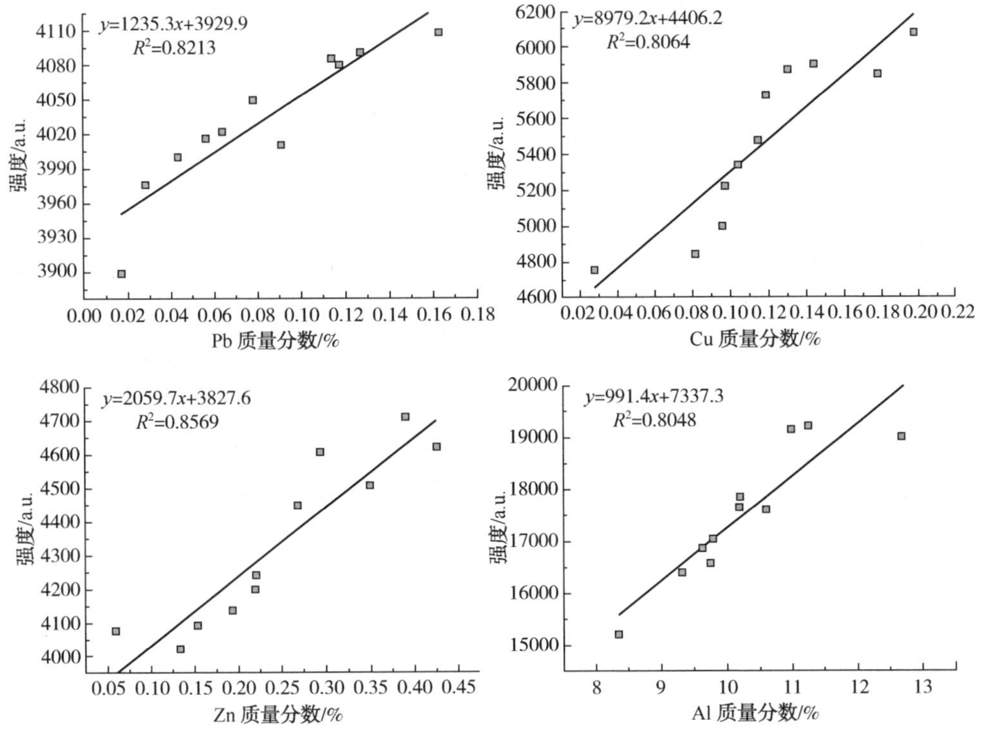

图 7-5　金属元素含量和 LIBS 光谱强度所构建的标准曲线

表 7-5　Pb、Cu、Zn 和 Al 四种金属元素的单变量方法与多变量方法的预测性能比较

元素	传统单变量校正方法		多变量校正方法	
	R_P^2	RMSEP	R_P^2	RMSEP
Pb	0.8627	0.0281	0.9500	0.0297
Cu	0.7978	0.0534	0.9105	0.0201
Zn	0.8412	0.1036	0.9769	0.1068
Al	0.8236	1.4206	0.9610	0.3956

7.4　本章小结

本章研究建立了基于 LIBS 技术结合机器学习的西安市不同区域的大气沉降中金属快速定量分析方法。首先采集了 16 个不同地区大气沉降样品的 LIBS 光谱，并通过 NIST 数据库对大气沉降样品的主要成分进行了鉴定。考察了最大强度归一化、小波变换和一阶导数等预处理方法及预处理方法参数对 LIBS 光谱信号的影响。随后建立了以最佳预处理光谱作为输入变量的 RF、LSSVM 和 PLS 校正模型，并比较其预测性能得出最优模型。最后将每种金属元素的最优模型与单变量方法进行比较，发现多变量方法的预测性能显著优于单变量方法的。研究表明，Pb 的最优模型是基于一阶导数的 RF 模型，R^2 和 RMSE 分别为 0.9500 和 0.0297。Cu 的最优模型是基于一阶导数的 RF 模型，R^2 和 RMSE 分别为 0.9105 和 0.0201。Al 最优模型是基于最大强度归一化的 RF 模型，R^2 和 RMSE 分别为 0.9610 和 0.3956。Zn 的最优模型是基于原始数据的 LSSVM 模型 R^2 和 RMSE 分别为 0.9769 和 0.1068。结果表明，相比于 LSSVM 和 PLS 校正模型，LIBS 技术结合 RF 校正模型在金属的定量中具有适用范围更广且预测性能更好等优势，能够为城市大气沉降中金属的快速定量分析提供新思路与新方法。

参 考 文 献

[1] Bing H J, Wu Y H, Li J, et al. Biomonitoring trace element contamination impacted by atmospheric deposition in China's remote mountains[J]. Atmospheric Research, 2019, 224: 30-41.

[2] Sabin L D, Lim J H, Stolzenbach K D, et al. Contribution of trace metals from atmospheric deposition to stormwater runoff in a small impervious urban catchment[J]. Water Research, 2005, 39(16): 3929-3937.

[3] Rusak D A, Castle B C, Smith B W, et al. Fundamentals and applications of laser-induced breakdown spectroscopy[J]. Critical Reviews in Analytical Chemistry, 1997, 27(4): 257-290.

[4] Samek O, Beddows D C S, Kaiser J, et al. Application of laser-induced breakdown spectroscopy to in situ analysis of liquid samples[J]. Optical Engineering, 2000, 39(8): 2248-2262.

[5] Singh V K, Rai A K. Prospects for laser-induced breakdown spectroscopy for biomedical applications: a review[J]. Lasers in medical science, 2011, 26(5): 673-687.

[6] Ding Y, Xia G Y, JiH W, et al. Accurate quantitative determination of heavy metals in oily soil by laser induced breakdown spectroscopy (LIBS) combined with interval partial least squares (IPLS)[J]. Analytical Methods, 2019, 11(29): 3657-3664.

8　LIBS 技术在大气沉降颗粒物污染区域判别分析中的应用

8.1　引言

近年来，随着我国经济的快速发展，大气环境状况发生了显著变化。燃煤、生物质的燃烧、汽车尾气被统称为燃烧源，是大气颗粒物的主要来源，对大气和人体健康产生严重的危害。由于城市具有多种功能区，且每个不同功能区的大气污染特征不同，因此对于城市中不同功能区的污染区域划分及污染程度评估是非常必要的，将为城市的大气污染防控提供理论基础。

目前，针对大气颗粒物污染源排放特征，传统的检测技术主要有气质联用和色谱等，但是这些技术需要复杂的样品制备且需要使用大量的有机萃取试剂，不适用于现场分析，会对操作人员的健康构成威胁。近年来，由于 LIBS 技术具有样品预处理简单、分析速度快等多种优点，使其被广泛应用于环境监测领域。不同燃烧源产生的无机元素种类及含量不同，而每个元素在 LIBS 光谱中都有其一系列发射谱线，因此可根据大气沉降中金属种类及含量差异获得燃烧源信息。但是 LIBS 技术容易受到外界环境和待测样品本身状态的影响，因此在定量分类分析方面的应用受到很大的挑战。化学计量学方法，如化学信号处理与多元校正技术，为解决上述缺陷提供了一种强有力的工具。LIBS 技术结合化学计量学分类模型可对未知样本进行归类，克服了传统分类方法分析过程复杂、分析时间过长等缺陷。目前，常用于定性分析的方法包括 RF、偏最小二乘判别分析(PLS-DA)和 LSSVM 等。

本章研究建立了基于 LIBS 技术结合 LSSVM 的西安市碑林区大气沉降中金属污染区域快速判别分析方法。首先探究了采用不同光谱预处理方法(小波变换、最大强度归一化和一阶导数)对大气沉降金属 LIBS 光谱的影响，并通过优化预处理方法参数与分类模型参数进一步提升模型分类准确度，以确保 RF、LSSVM 和

PLSDA 判别模型构建时可以获得较为准确的预测性能。随后比较 RF、LSSVM 和 PLSDA 三种判别模型预测性能之间的差异，寻求最优判别模型。

8.2 材料和方法

8.2.1 实验装置和样品采集

本实验利用集尘缸收集了西安市碑林区 16 个不同地区的大气沉降颗粒物样本(9 个位于住宅区，7 个位于交通区)。并通过 X 射线荧光仪(日本岛津 EDX-8000，波长范围：70~750nm，焦距：500mm)获得 16 个大气沉降样品中 4 种金属元素的参考浓度。4 种金属元素的参考浓度信息如表 8-1 所示。

本章实验所用的激光器为 Nd：YAG(Dawa-300，北京 * * * * 技术有限公司，中国)，波长为 1064nm，脉冲能量 80mJ，脉冲宽度 10ns，脉冲重复频率为 5 Hz。光谱仪的波长范围为 200~550nm，分辨率为 0. 07nm，门宽为 2ms，探测器的延迟时间为 1. 5μs。在实验过程中，16 个样品的总光谱数为 304(在每个样品表面不同位置随机采集 19 个光谱)。分类分析时，随机选取 11 个压制好的样品(1#、3#、4#、6#、7#、9#、10#、11#、13#、14#和 16#)作为校正集(在每个样品表面随机不重点的采集 19 个光谱，11 个样品共采集 209 条光谱)。随机选取其余样品(2#、5#、8#、12#和 15#)作为测试集(共采集 95 个光谱)，验证其预测性能。

8.2.2 模型评价

分类准确率、灵敏度、精密度、特异性以及 AUC 是评价 PLSDA、RF 和 LSSVM大气沉降样品分类模型性能的统计参数，有助于减少绩效评估的主观性和随意性。也是疾病识别、水质分类和环境污染的重要性能指标。定义如下

$$\text{准确率} = \frac{TP + TN}{TP + TN + FP + FN} \tag{8-1}$$

$$\text{灵敏度} = \frac{TP}{TP + FN} \tag{8-2}$$

$$\text{精密度} = \frac{TP}{TP + FP} \tag{8-3}$$

$$\text{特异性} = \frac{TN}{TN + FP} \tag{8-4}$$

式中，*TP*(True positive)为真正类；*FP* 为假正类(False positive)；*TN*(True negative)为真负类；*FN*(False negative)为假负类。

对一个二分类问题来说，会出现四种情况，如果一个实例是正类并且也被预测成正类，即为真正类。如果实例是负类被预测成正类，称之为假正类。相应地，如果实例是负类被预测成负类，称之为真负类，正类被预测成负类则为假负类。受试者工作特征曲线(Receiver Operating Characteristic Curve，ROC)是根据一系列不同的二分法(分值或阈值)绘制的曲线，AUC(Area Under Curve)定义为 ROC 曲线下的面积。AUC 可以很好地反映 ROC 曲线的优劣。AUC 越接近于 1，分类效果越佳。

8.3 大气沉降颗粒物污染区域判别分析模型构建

8.3.1 光谱预处理方法的选择与优化

在采集大气沉降颗粒物样品 LIBS 光谱时，容易受到样品基底复杂性、测试环境和仪器自身条件等无法控制因素的影响，使获得的光谱存在较强的背景干扰，进而导致分类结果不准确。因此在建模之前对复杂的 LIBS 光谱进行预处理是十分关键的。本章预处理方法包括最大强度归一化、一阶导数和小波变换。其中小波变换可以通过调节阈值扣除低频或高频基线部分从而实现基线校正。导数光谱可以有效扣除背景干扰，分辨重叠峰，改善分辨率和灵敏度，但同时也会放大噪声，降低信噪比。而激光微小光程差引起的谱图变化可由最大强度归一化解决。为了得到更好的预测结果，需要对这些预处理方法的参数进行优化，重点描述小波变换的参数优化过程，其他预处理参数优化过程不赘述。从图 8-1 可以看出，随着 dbN 和分解层数的增加，分类准确度的变化趋势为先增加后降低。当小波基函数为 db4、小波分解层数为 2 时，分类准确度达到最高，其值为 0.9684。因此选取小波基为 db4 和小波分解层数为 2 作为小波变换的最优参数。

将预处理后的光谱作为输入变量构建 RF 分类模型。模型分类准确度如表 8-1 所示，由表 8-1 可以看出，以小波变换预处理后的光谱作为输入变量构建分类模型，模型预测性能较未处理前有较大的提升，其分类准确率最高。因此，本章利用小波变换对 LIBS 光谱进行预处理，构建了 RF、LSSVM 和 PLS 三个不同大气沉降分类模型。

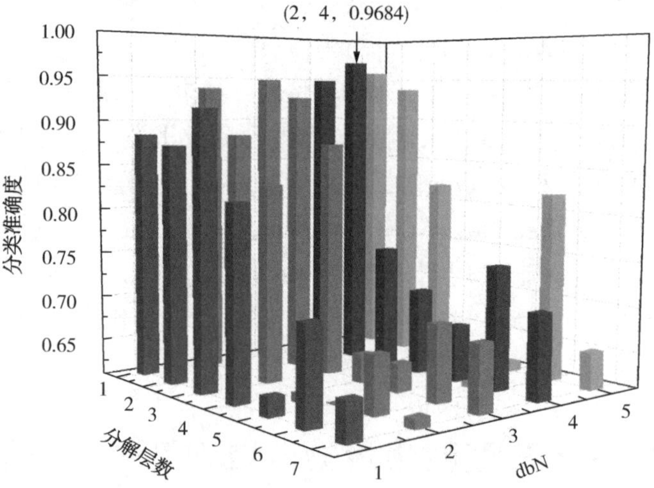

图 8-1　基于不同参数(dbN 和小波分解层数)的小波变换作为输入变量对 RF 校正模型预测性能的影响

表 8-1　不同预处理方法下的 LSSVM 分类模型准确度

预处理方法	准确度
未处理	0.9368
最大强度归一化	0.9263
一阶导数	0.9474
小波变换	0.9895

8.3.2　不同区域大气沉降分类模型的建立与验证

在本研究中，利用小波预处理后的 LIBS 光谱数据分别构建了 RF、PLS-DA 和 LSSVM 三种分类模型。通过 OOB 估计得到的 RF 分类模型的优化参数 n_{tree} 和 m_{try} 分别为 500 和 76。对于 LSSVM 分类模型，通过 5 折交叉验证的 GS 方法优化的两个显著性参数(RBF-gam 和 sig2 的核参数)分别为 95.8858 和 0.9995。通过 5 折交叉验证得到的 PLS-DA 分类模型的最优潜变量(LV)为 11。将预处理后及模型参数优化后的数据作为输入变量构建 RF、PLS-DA 和 LSSVM 三种分类模型，并利用其对大气沉降样品进行分类，结果如图 8-2 所示。

从图 8-2 可以看出，对于测试集样本，在 RF 分类模型中处于住宅区的 57 个光谱中错误分类的光谱为3，处于交通区的38个光谱中错误分类的光谱为0；在PLS-DA分类模型中，住宅区错误分类的光谱为1，交通区错误分类的光谱为4；在LSSVM分类模型中，住宅区错误分类的光谱为1，交通区错误分类的光谱为0。在LSSVM分类模型中被错误分类的光谱为第57个光谱，属于第9个样本，此样本采集于西安交通大学。由于西安交通大学周边环境复杂，交通流量大，可能导致大气沉降颗粒物中金属分类不准确。模型的分类性能由分类准确率、灵敏度、精密度和特异性表示。从图8-3可以看出，LSSVM在三种分类模型中AUC值最大，达到0.9912，ROC曲线最好，证明此分类结果最好。结合表8-2可以看出，在三种分类模型中，LSSVM分类模型的准确率、灵敏度、精密度、特异性最高，AUC分类结果均优于PLSDA和RF。LSSVM的分类精度可达0.9895。综上所述，LSSVM对不同地区大气沉降颗粒物的分类效果最好。因此，LIBS技术结合LSSVM可以快速并较准确的识别污染物的区域。

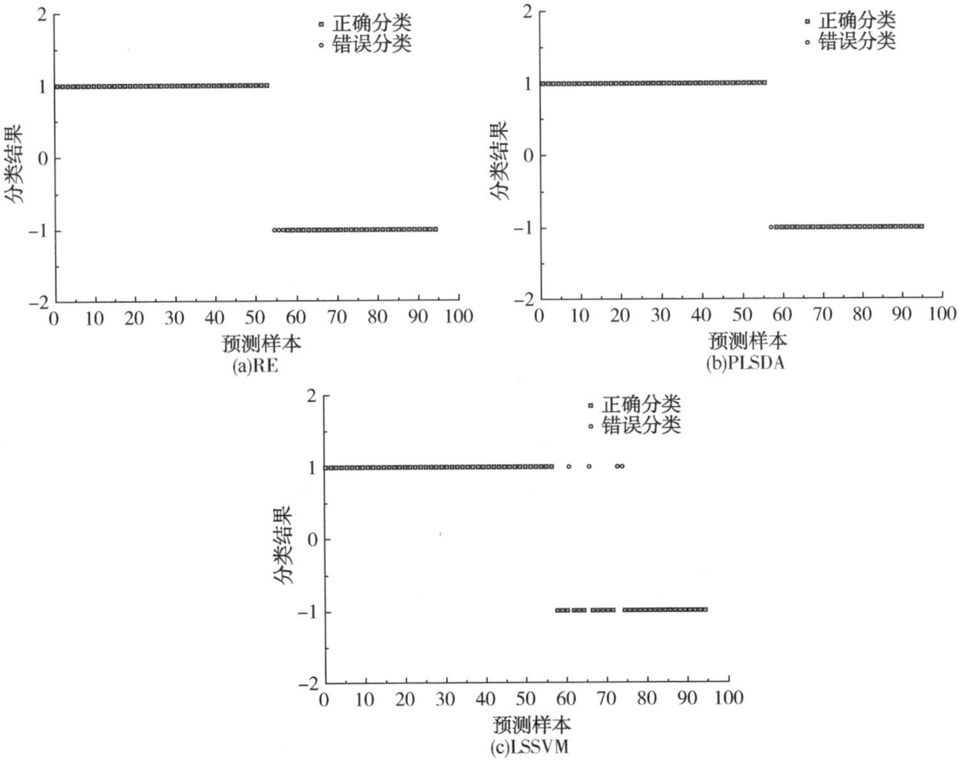

图8-2　三种最优分类模型的预测结果

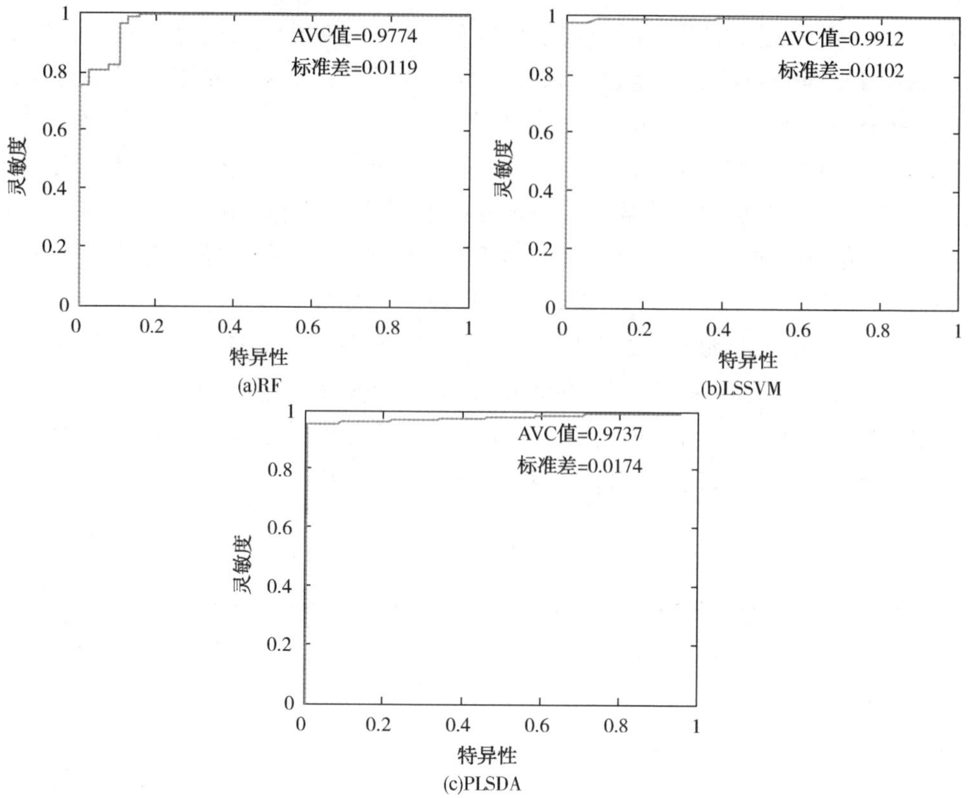

图 8-3　三种不同分类模型的 ROC 曲线比较

表 8-2　基于最优预处理方法的三种分类模型预测性能比较

分类模型	准确率	灵敏度	精密度	特异性	AUC
WT-PLSDA	0.9368	0.9180	0.9825	0.9706	0.9774
WT-RF	0.9684	1.0000	0.9475	0.9268	0.9737
WT-LSSVM	0.9895	1.0000	0.9825	0.9744	0.9912

8.4　本章小结

本章研究建立了基于 LIBS 技术结合 LSSVM 的城市大气沉降中金属污染区域判别分析方法。首先探究了采用不同光谱预处理方法对大气沉降金属 LIBS 光谱的影响，并通过优化预处理方法参数与判别模型参数进一步提升 RF、LSSVM 和 PLSDA 判别模型的预测性能。随后比较这三种判别模型预测性能之间的差异，寻求最优判别模型。研究结果表明，相比方法 RF 和 PLS 判别模型，LIBS 技术结合 LSSVM 判别模型在污染区域判别中具有较好的预测效果，其分类精度、灵敏度、精密度、特异度、AUC 分别为 0.9895、1.0000、0.9825、0.9744 和 0.9912，能够为城市大气沉降中金属的快速污染区域判别提供新思路与新方法。

参 考 文 献

[1] Zhang Q, Jiang X, Tong D, et al. Transboundary health impacts of transported global air pollution and international trade[J]. Nature, 2017, 543(7647): 705-709.

[2] Tang X, Qian Y, Guo Y, et al. Analysis of atmospheric pollutant metals by laser ablation inductively coupled plasma mass spectrometry with a radial line-scan dried-droplet approach[J]. Spectrochimica Acta Part B: Atomic Spectroscopy, 2017, 138: 18-22.

[3] Robert L, Simona T, Giulio M, et al. Analysis of emerging organic contaminants in water, fish, and suspended particulate matter(SPM) in the jointdanube survey using solid-phase extraction followed by UHPLC-MS-MS and GC-MS analysis[J]. Science of the Total Environment, 2017, 607-608: 1201-1212.

[4] 黄丽坤，王广智．城市大气颗粒物组分及污染[M]. 北京：化学工业出版社，2015.

[5] Li N, Qi J, Wang P. Quantitative structure-activity relationship(QSAR) study of carcinogenicity of polycyclic aromatic hydrocarbons(PAHs) in atmospheric particulate matter by random forest (RF)[J]. Analytical Methods, 2019, 11(13): 1816-1821.

[6] Liu K, Tian D, Wang H, et al. Rapid classification of plastics by laser-induced breakdown spectroscopy(LIBS) coupled with partial least squares discrimination analysis based on variable importance(VI-PLS-DA)[J]. Analytical Methods, 2019, 11(9): 1174-1179.

[7] Zhang X, Li N, Yan C H, et al. Four metal elements quantitative analysis and pollution source discriminant in atmospheric sedimentation by laser induced breakdown spectroscopy(LIBS) coupled with machine learning[J]. Journal of Analytical Atomic Spectrometry, 2020, 35: 403-413.

[8] Patil A, Prabhu V, Choudhari K S, et al. Evaluation of high-performance liquid chromatography laser-induced fluorescence for serum protein profiling for early diagnosis of oral cancer[J]. Journal of Biomedical Optics, 2010, 15(6), 067007.

[9] Viglinoa L, Aboulfadl K, Pre′vost M. et al. Analysis of natural and synthetic estrogenic endocrine

disruptors in environmental waters using online preconcentration coupled with LC-APPI-MS/MS [J]. Talanta, 2008, 76, 1088-1096.

[10] Straube E A, Dekant W, Völkel W. Quantitation of lanosterol and its major metabolite FF-MAS in an inhibition assay of CYP51 by azoles with atmospheric pressure photoionization based LC-MS/MS[J]. Journal of the American Society for Mass Spectrometry, 2004, 15: 1853-1862.

[11] Unnikrishnan V K, Choudhari K S, Kulkarni S D, et al. Analytical predictive capabilities of laser-induced breakdown spectroscopy(LIBS) with principal component analysis(PCA) for plastic classification[J]. RSC Advances, 2013, 3(48): 25872-25880

9 LIBS 技术在大气沉降颗粒物金属污染潜在风险分析中的应用

9.1 引言

随着人类活动的增加及工业化程度的提高，城市的人为排放及工业排放日益剧增。这些排放致使城市环境中的重金属污染已经达到危害人类健康和生物群的水平。以往的研究已经广泛报道了重金属是城市灰尘的主要污染物。这些灰尘中大部分金属会对人体组织器官(如呼吸系统、心血管系统、神经系统、泌尿系统)造成较大危害。更糟糕的是，这些重金属往往会在人体内堆积，无法降解。冬季城市大气沉降对环境和人体健康具有潜在威胁，快速分析城市大气降尘中重金属的污染现状，明确大气降尘污染的重点金属元素、重点区域及污染程度是十分必要的。

此前工作主要研究了大气沉降中金属的种类含量及区域分类，并未涉及大气沉降中各个区域金属的污染程度及潜在污染风险。以上多种研究的结合可形成一个更系统环境污染评价模式。目前，传统的金属元素分析技术有电感耦合等离子体光谱法、X 射线荧光光谱法和原子吸收光谱法，然而这些技术无法克服大气沉降样品前处理复杂和分析速度慢等难题。LIBS 技术具有样品预处理简单、分析速度快等优点，使其为大气沉降中金属元素的快速定性定量分析提供了可能。基于 LIBS 技术结合化学计量学的城市大气降尘中重金属的定量结果分析金属污染程度及潜在风险，可加快分析进程且简化分析步骤，将有助于大气沉降中重金属污染特征的快速准确评估。

本章工作主要根据上两章对城市大气沉降定量分析的结果研究城市大气沉降中的重金属污染情况及潜在生态风险。研究方法包括地质累积指数(I_{geo})、富集因子(EF)、潜在生态风险指数(RI)分析。这些方法广泛应用于大气粉尘、地表沉积物、土壤重金属污染及其健康风险的分析与评价中。采用富集因子法、地质累积指数、污染因子法和潜在生态风险指数对西安市大气沉降重金属污染程度进行分析，并评估了西安市大气沉降中重金属污染的潜在生态风险。评估结果可为防控城市大气沉降中重金属污染提供科学依据，有助于大气粉尘中重金属污染的预防和治理。

9.2 材料和方法

9.2.1 实验装置和样品采集

本实验利用集尘缸收集了西安市碑林区 16 个不同地区的大气沉降颗粒物样本。并通过 X 射线荧光仪获得 16 个大气沉降样品中金属元素的参考浓度。本研究所采用的 LIBS 装置，激光波长为 1064nm，脉冲能量 80mJ，脉冲宽度 10ns，脉冲重复频率为 5Hz，门宽为 2ms，探测器的延迟时间为 1.5μs。

9.2.2 研究方法

（1）富集因子法（EF）是 1974 年 Gorden 首先提出的，EF 技术用于大气气溶胶、土壤、沉积物和固体废物领域，以确定成分的改性程度，是研究大气颗粒物和粉尘中各元素富集程度的常用方法。该方法是区分人为和自然重金属来源的有力工具。富集因子计算公式：

$$EF = \frac{(C_i/C_n)_{\text{环境}}}{(C_i/C_n)_{\text{背景}}} \tag{9-1}$$

式中，C_i 为所研究的元素 i 的浓度，mg/kg；C_n 为参比元素 n 的浓度，mg/kg。参比元素主要有 Al、Fe、Si 和 Ti，其选择原则为：地壳中广泛存在且受人为影响较小。本研究中将 Al 作为参比元素。将城市粉尘中某元素与参比元素的相对浓度（C_i/C_n 样）与其在土壤背景值中相对浓度（C_i/C_n 背景）进行比较，得到富集因子的值用于表示金属的富集程度。通常将富集程度分为五个水平，如表 9-1 所示。

表 9-1　EF 与粉尘中化学元素富集程度的关系

富集范围	$EF \leqslant 1$	$1<EF \leqslant 10$	$10<EF \leqslant 100$	$100<EF \leqslant 1000$	$EF>10000$
富集水平	无/轻微	中度	较高	高	很高
级别	1	2	3	4	5
来源	土壤和地壳来源	自然和人为来源	人为来源	人为来源	人为来源

(2)地质累积指数(I_{geo})通常称为 Muller 指数，是德国科学家穆勒 1969 年提出的一个定量指标，计算公式如下：

$$I_{geo} = \left(\frac{C_n}{1.5B_n}\right) \tag{9-2}$$

式中，C_n 为大气粉尘中元素 n 的测量质量浓度，mg/kg；B_n 为地壳中元素 n 的地球化学背景值。因子 1.5 用来补偿可能由沉积物岩性变化引起的变化，是考虑背景值差异的修正系数。用于研究沉积物中重金属的污染水平，同时考虑了自然过程和人为活动造成的背景值的影响，是区分人为活动影响与自然过程影响的重要指标。近年来，I_{geo} 技术被广泛应用于土壤风沙、大气颗粒物和沉积粉尘的重金属污染特征研究。地质累积指数(I_{geo})与污染等级的关系如表 9-2 所示。

表 9-2　地质累积指数相对应的污染等级

I_{geo}值	$I_{geo} \leq 0$	$0 < I_{geo} \leq 1$	$1 < I_{geo} \leq 2$	$2 < I_{geo} \leq 3$	$3 < I_{geo} \leq 4$	$4 < I_{geo} \leq 5$	$I_{geo} > 5$
等级	0	1	2	3	4	5	6
污染水平	无污染	轻微	中度	中-高	高	很高	极高

(3) 瑞典科学家哈肯森在 1980 年提出的一个基于元素丰度响应和污染物协同效应的定量指标，被称为潜在生态风险指数(RI)。其是大气颗粒物、土壤和沉积物中重金属污染水平和潜在生态风险评价最常用的方法之一。该方法既反映了单一特定沉积物中重金属的潜在生态危害，又考虑了多种重金属的综合生态效应。是反映重金属对生态环境影响程度的一项综合指标。计算公式如下：

$$\begin{aligned} RI &= \sum E_r \\ E_r &= T_i \times F_i \\ F_i &= C_i / B_i \end{aligned} \tag{9-3}$$

式中，C_i 为粉尘中金属质量浓度，mg/kg；B_i 为金属背景值，mg/kg；E_r 为单一元素潜在生态危险因子；T_i 为金属毒性因子，其中以下这些元素的金属毒性因子分别为：$T_i(Cu) = T_i(Pb) = 5$；$T_i(Cr) = 2$；$T_i(Zn) = 1$。

9.3 大气沉降颗粒物重金属潜在风险预估模型建立

9.3.1 光谱预处理方法优化及模型构建

在 LIBS 光谱采集过程中，容易受到样品本身(基底复杂性)、测试环境(温度、湿度）和仪器自身条件等无法控制因素的影响，这些都会影响定量分析结果的准确性。因此，有必要在建模前对 LIBS 光谱进行预处理，以提高校正模型的预测性能。通过第 2 章研究已知光滑点数 9 作为一阶导数的最优参数，小波基函数 db3 和分解层数 6 作为小波变化的最优参数。而后将最优预处理方法处理后的光谱作为输入变量构建 RF、PLS 和 LSSVM 校正模型，并比较得出最优校正模型。将此模型预测的金属元素含量数据作为本章研究内容的数据基础。

9.3.2 城市大气粉尘中金属富集因子评估

选择陕西省土壤背景值作为本章研究的参比量，Fe、Mn、Cr、Zn、Pb 和 Cu 的背景质量浓度分别为 31500mg/kg、553mg/kg、62mg/kg、65.8mg/kg、20.5mg/kg 和 19.5mg/kg，参比元素 Al 的质量浓度为 66200mg/kg。*EF* 值反映了金属的富集水平，当 $EF>10$ 时金属元素受人类活动影响更大。根据富集因子（*EF*）的定义，计算了西安市 7 个交通区及 9 个住宅区冬季大气粉尘中 7 种重金属（Fe、Mn、Cr、Zn、Pb、Cu 和 Al）的 *EF* 值，并计算了这几种元素在交通区和住宅区的平均 *EF* 值。计算结果如表 9-3 所示。

表 9-3 金属元素的富集因子分析

元素	1#	2#	3#	4#	5#	6#	7#	8#	9#	10#	11#	12#	13#	14#	15#	16#
Pb	23	9.6	25	8	14	22	31	6.6	38	17	30	46	37	22	35	50
Zn	29	20	9	12	16	31	23	7	29	21	28	21	36	29	20	42
Cr	8.1	8.3	6.3	4.2	7.7	10	8.4	6.7	7.8	7.2	12	14	11	8.9	10	16
Cu	38	39	25	25	33	46	42	11	41	64	35	55	55	32	66	48
Mn	9.3	9.8	10	11	9.8	9.1	9.6	8.3	9.6	11	13	11	11	10	11	10
Fe	$1<EF<10$															
Al	$EF<1$															
Pb 均	住宅区 19									交通区 34						
Zn 均	住宅区 20									交通区 28						
Cu 均	住宅区 33									交通区 51						
Cr 均	住宅区 7.5									交通区 11.3						
Mn 均	住宅区 9.6									交通区 11						

由表9-1和表9-3结合分析可知，西安市交通区粉尘中重金属Al、Fe和Mn的*EF*值与住宅区基本相当。Fe在交通区和住宅区的富集因子均值均小于10，有轻微的富集，元素主要来源仍为土壤和地壳。Al在交通区和住宅区的富集因子均值均小于1，几乎没有富集，基本不受人为活动的影响。Cr在交通区和住宅区的富集因子均值相差较小，其值在10附近，既有自然来源，也有人工来源。西安市交通区粉尘中重金属Pb、Cu和Zn的EF值高于住宅区的，说明这几种元素在交通区的富集程度高于住宅区的。这几种元素的富集因子均值均大于10，富集程度较高，受人为活动影响较大。Pb、Cu、Zn在交通区的富集因子均值达到34、51和28。根据其他文献的研究表明汽车橡胶轮胎在摩擦过程中会产生Cu和Zn，汽车排放尾气中会产生Pb。这三种元素的较大富集值可能是受到以上因素的影响。

9.3.3 城市大气粉尘中金属污染程度评估

近年来，I_{geo}技术被广泛应用于土壤风沙、大气颗粒物和沉积粉尘的重金属污染特征研究。根据I_{geo}的定义，计算了西安市7个交通区及9个住宅区大气粉尘中7种重金属的平均I_{geo}值。计算结果如表9-4和9-5所示。其中金属Mn、Fe、Al和Cr的I_{geo}值均小于0，由表9-4和表9-5可知，当$I_{geo}\leqslant 0$时，表示这几种金属基本没受到人为污染。住宅区重金属Pb和Zn的I_{geo}值均在0~1之间，表明其污染程度均为轻微污染；而交通区重金属Pb和Zn的I_{geo}值在1~2之间，表明其污染程度为轻微中度污染。住宅区重金属Cu的I_{geo}值在1~2之间，表明其污染程度为轻微中度污染；交通区重金属Cu的I_{geo}值在2~3之间，表明其污染程度从中度污染向高度污染过度；交通区金属Pb、Zn和Cu的污染水平已经达到中度甚至向高度发展，这非常值得引起人们的警惕。

表9-4 住宅区金属元素的I_{geo}值及所反应的污染水平

元素	实测平均含量/(mg/kg)	土壤背景值	I_{geo}值	污染水平
Pb	59	20.5	0.94	轻微
Zn	187	65.8	0.92	轻微
Cu	95	19.5	1.70	轻微-中度
Cr	67	62	-0.47	无
Mn	274	553	-1.59	无
Fe	13514	31500	-1.81	无
Al	11037	66200	-3.17	无

表 9-5 交通区金属元素的 I_{geo} 值及所反应的污染水平

成分及参数	实测平均含量/(mg/kg)	土壤背景值	I_{geo} 值	污染水平
Pb	114	20.5	1.89	轻微-中度
Zn	303	65.8	1.62	轻微-中度
Cu	164	19.5	2.49	中度-高度
Cr	79	62	-0.24	无
Mn	367	553	-1.18	无
Fe	17015	31500	-1.47	无
Al	13946	66200	-2.83	无

9.3.4 城市大气沉降中金属潜在生态风险

单一元素金属潜在生态风险依次为：$E_r<40$ 为低风险；E_r 为 40~80 表示中度风险；$E_r=80\sim160$ 表示风险程度较高；$E_r=160\sim320$ 为高风险；$E_r>320$ 表示风险非常高。多元素潜在生态风险依次为：如果 $RI<50$，则金属污染风险较低；$50<RI<100$，为中度风险；$100<RI<200$ 表示风险较大；$RI>200$，则是风险非常高。根据潜在生态风险指数(RI)的定义，计算了西安市 7 个交通区及 9 个住宅区大气粉尘中 4 种重金属的 RI 值。计算结果如表 9-6 和表 9-7 所示。

表 9-6 西安市(碑林区)住宅区大气沉降的重金属潜在生态风险指数

成分及参数	实测平均量/(mg/kg)	单元素潜在生态风险因子 E_r	潜在生态风险评估等级	多元素综合潜在生态风险指数 RI	潜在生态风险评估等级
Pb	59	14.5	低风险	44.96	低潜在风险
Zn	187	2.8	低风险		
Cu	95	24.5	低风险		
Cr	67	2.6	低风险		

表 9-6 显示了西安市碑林区住宅区大气沉降中重金属浓度对 RI 风险指数的影响结果。西安市住宅区这四种金属的单一元素的潜在生态风险(E_r)均小于 40，显示低潜在污染风险。根据多元素综合潜在生态风险指数 RI 评估发现西安市住

宅区的金属潜在生态风险 *RI* 小于 50，表现为低潜在生态风险。

表 9-7 西安市(碑林区)交通区大气沉降的重金属潜在生态风险指数

成分及参数	实测平均量/(mg/kg)	单元素潜在生态风险因子 E_r	潜在生态风险评估等级	多元素综合潜在生态风险指数 *RI*	潜在生态风险评估等级
Pb	114	28	低风险	77.2	中等潜在风险
Zn	303	4.6	低风险		
Cu	164	42	中等风险		
Cr	79	3.16	低风险		

表 9-7 显示了西安市碑林区交通区大气沉降中重金属质量浓度对 *RI* 风险指数的影响结果。西安市交通区四个金属元素的单一重金属污染的程度(E_r)依次为：Er(Cu)>Er(Pb)>Er(Zn)>Er(Cr)。其中交通区重金属 Cu 的潜在生态风险最高，为中等潜在风险。交通区多元素金属潜在生态风险 *RI* 值为 77.2，表现为中等潜在生态风险。其中 Zn、Pb 和 Cu 的 Er 贡献值较大。

9.4 本章小结

本章工作基于 LIBS 的金属的定量结果结合富集因子、地质累积指数、潜在生态风险指数等指标研究了西安市碑林区大气沉降中的重金属污染特征及潜在生态风险。结果表明西安市住宅区金属的富集水平及污染程度较小，处于轻微富集及轻微污染阶段。即住宅区金属受人为影响较小。而交通区金属的富集程度及污染程度均远远高于住宅区的，尤其以重金属 Pb、Cu 和 Zn 的富集程度与污染水平最高，表明其受到人为影响最高、污染最大。重金属 Cu 的污染因子所对应的污染水平已达到高污染水平，其潜在生态风险指标及地质累积指数已经达到中等风险污染水平。各种方法从多方面对城市大气污染水平进行评估是十分重要的，使我们对环境质量的评价更全面，更具有说服力。本章研究结果可为控制城市大气粉尘中重金属污染提供科学依据，有助于大气粉尘中重金属污染的预防和治理。

参 考 文 献

[1] Nriagu J O, Pacyna J M. Quantitative assessment of worldwide contamination of air[J]. Water

and Soils by Trace Metals[J]. Nature, 1988, 333(6169): 134-139.

[2] 从源，陈岳龙，杨忠芳，等．北京平原地区元素的大气干湿沉降通量[J]. 地质通报，2008，27(2)：257-264.

[3] 王定勇，石孝洪，杨学春，大气汞在土壤中转化及其与土壤汞富集的相关性[J]. 重庆环境科学，1998，20(5)：22-25.

[4] 王少锋，冯新斌，仇广乐，等．万山汞矿区地表与大气界面间汞交换通量研究[J]. 环境科学，2006，27(8)：1487-1494.

[5] Hillman A L, Abbott M B, Yu J, et al. Environmental legacy of copper metallurgy andmongol silver smelting recorded in Yunnan lake sediments[J]. Environmental Science & Technology, 2015, 49(6): 3349-3357.

[6] Varol M. Assessment of heavy metal contamination in sediments of theTigris river(Turkey) using pollution indices and multivariate statistical techniques[J]. Journal of Hazardous Materials, 2011, 195: 355-364.

[7] Yuan X, Zhang L, Li J, et al. Sediment properties and heavy metal pollution assessment in the river, estuary and lake environments of a fluvial plain, China[J]. Catena, 2014, 119: 52-60.

[8] Almasoud F I, Usman A R, Al-Farraj A S. Heavy metals in the soils of the Arabian Gulf coast affected by industrial activities: analysis and assessment using enrichment factor and multivariate analysis[J]. Arabian Journal of Geosciences, 2015, 8: 1691-1703.

[9] Esmaeilzadeh M, Jaafari J, Mohammadi A A, et al. Investigation of the extent of contamination of heavy metals in agricultural soil using statistical analyses and contamination indices[J]. Human and Ecological Risk Assessment, 2018, 25(5): 1-9.

[10] Hakanson L. An ecological risk index for aquatic pollutioncontrol a sedimentological approach [J]. Water Research, 1980, 14(8): 975-1001.

[11] Muller G. Index ofgeoaccumulation in sediments of the rhine river[J]. Geojournal, 1969, 2(3): 108-118.

[12] Fang H D, Chen J F, Duan J M, et al. Speciation characteristics and bioavailability of heavy metal elements in PM2. 5 and PM10 in the suburbs of Xiamen[J]. Ecology and Environmental Sciences. 2015, 24: 1872-1877.

[13] 中国环境监测总站主编．中国土壤元素背景值[M]．北京：中国环境科学出版社，1990.